高等院校职业技能实训规划教材

Adobe After Effects CS6
影视后期设计与制作
案例技能实训教程

李 响 杨 添 董庆涛 编著

清华大学出版社

北 京

内 容 简 介

本书以 After Effects CS6 为写作基础，向读者全面阐述了 After Effects 软件常见的操作方法和设计要领。以"基础知识＋案例"的形式，对软件的相关知识进行了全面、详细的介绍。全书共 10 章，理论知识涉及 After Effects 入门知识、After Effects 基础操作、图层操作详解、文字特效、色彩校正与调色、遮罩特效、内置滤镜特效详解、仿真粒子特效、光效滤镜详解等内容，实操案例包括制作圣诞夜动画、创建风景文字、制作玻璃写字效果、制作精美电影海报效果、制作烟雾文字动画效果、制作舞动粒子效果、制作动感光线效果、制作水墨动画效果。每章最后还安排了具有针对性的"自己练"，以供读者练手。

全书结构合理，语言通俗，图文并茂，易教易学，既适合作为高职高专院校和应用型本科院校计算机、多媒体及平面设计相关专业的教材，也可作为广大平面设计爱好者和各类技术人员的参考用书。

图书在版编目(CIP)数据

Adobe After Effects CS6影视后期设计与制作案例技能实训教程 / 李响，杨添，董庆涛编著.—北京：清华大学出版社，2018（2021.8重印）

（高等院校职业技能实训规划教材）

ISBN 978-7-302-50530-3

Ⅰ．①A… Ⅱ．①李… ②杨… ③董… Ⅲ．①图像处理软件—高等职业教育—教材 Ⅳ．①TP391.41

中国版本图书馆CIP数据核字（2018）第139412号

责任编辑：陈冬梅
封面设计：杨玉兰
责任校对：王明明
责任印制：丛怀宇

出版发行：清华大学出版社

网　　　址：http://www.tup.com.cn，http://www.wqbook.com
地　　　址：北京清华大学学研大厦A座　　　　邮　编：100084
社 总 机：010-62770175　　　　　　　　　邮　购：010-62786544
投稿与读者服务：010-62776969，c-service@tup.tsinghua.edu.cn
质量反馈：010-62772015，zhiliang@tup.tsinghua.edu.cn

印 装 者：涿州汇美亿浓印刷有限公司
经　　销：全国新华书店
开　　本：185mm×260mm　　印　张：17.5　　字　数：420千字
版　　次：2018年8月第1版　　印　次：2021年8月第4次印刷
定　　价：69.00元

产品编号：077041-01

FOREWORD
前 言

众所周知，After Effects 是一款非常优秀的图形视频处理软件，适用于从事设计和视频特技的机构，包括电视台、动画制作公司、个人后期制作工作室以及多媒体工作室，属于层类型后期软件。为了满足新形势下的教育需求，我们组织了一批富有经验的设计师和高校教师，共同策划编写了本书，以让读者不仅可以掌握 After Effects 操作知识，还能利用它独立创作作品的设计技能，更好地提升动手能力，与社会相关行业接轨。

本书以实操案例为单元，以知识详解为陪衬，先后对各类型平面作品的设计方法、操作技巧、理论支撑、知识阐述等内容进行了介绍，全书分为 10 章，其主要内容如下：

章节	作品名称	知识体系
第 01 章	DIY 我的工作界面	After Effects 的应用、设置 After Effects CS6、影视后期制作知识等
第 02 章	创建我的项目	创建与保存项目、导入素材的方式、管理素材等
第 03 章	制作圣诞夜动画	图层的分类、图层的基本操作、图层属性、图层的叠加模式等
第 04 章	创建风景文字	创建与编辑文字、设置文字属性、文字动画控制器、认识表达式等
第 05 章	制作玻璃写字效果	色彩基础知识、主要调色滤镜、常用的调色滤镜、其他常用效果等
第 06 章	制作精美电影宣传效果	遮罩的概念、遮罩的属性、利用工具创建遮罩、输入数据创建遮罩、引入数据创建遮罩
第 07 章	制作烟雾文字动画效果	"生成"滤镜组、"风格化"滤镜组、"模糊和锐化"滤镜组、"透视"滤镜组、"过渡"滤镜组
第 08 章	制作舞动粒子效果	"碎片"特效、"粒子运动"特效、"Particular（粒子）"特效、"Form（形状）"特效，以及各种特效的应用等
第 09 章	制作动感光线效果	认识光效、"Light Factory（灯光工厂）"滤镜、"Shine（扫光）"滤镜、"Starglow（星光闪耀）"滤镜等
第 10 章	综合案例	利用第 1～9 章所学到的 AE 知识制作完成水墨动画效果。

本书结构合理、讲解细致，特色鲜明，内容着眼于专业性和实用性，符合读者的认知规律，也更侧重于综合职业能力与职业素养的培养，集"教、学、练"为一体。本书适合应用型本科、职业院校、培训机构作为教材使用。

本书由李响、杨添、董庆涛编写。参与本书编写的人员还有伏银恋、任海香、李瑞峰、杨继光、周杰、朱艳秋、刘松云、岳喜龙、吴蓓蕾、王赞赞、李霞丽、周婷婷、张静、张晨晨、张素花、郑菁菁、赵莹琳等。这些老师在长期的工作中积累了大量的经验，在写作的过程中始终坚持严谨细致的态度、力求精益求精。由于作者水平有限，书中疏漏之处在所难免，希望读者朋友批评指正。

编　者

CONTENTS
目 录

CHAPTER / 01
DIY 我的工作界面——After Effects 轻松入门

CHAPTER / 02
创建我的项目——After Effects 操作详解

CHAPTER / 03
制作圣诞夜动画——图层操作详解

CHAPTER / 04
创建风景文字——文字特效

CHAPTER / 05

制作玻璃写字效果——色彩校正与调色

CHAPTER / 06

制作精美电影宣传效果——遮罩特效

CHAPTER / 07

制作烟雾文字动画效果——内置滤镜特效

CHAPTER / 08

制作舞动粒子效果——仿真粒子特效

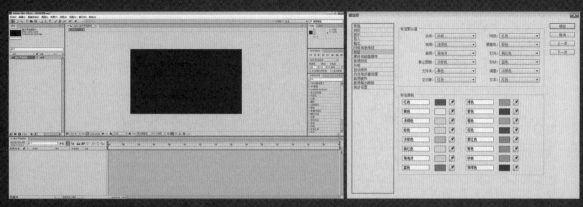

更改工作界面默认色   "标签"选项卡

跟我学 LEARN
WITH ME

■ 更改 After Effects CS6 工作界面默认色

案例描述：在利用 After Effects CS6 工作时，为满足不同人对界面的要求，可对外观进行
更改。本案例将介绍在 Premiere Pro CS6 中更改外观首选项，将工作界面颜色调整为灰色
等操作。

实现过程

1. 新建合成

01 在"项目"面板中的空白处单击鼠标右键，选择"新建合成组"命令，如图 1-1 所示。

02 在"图像合成设置"窗口中，设置"合成组名称"为"更改界面颜色"，并
设置合成的基本参数，如图 1-2 所示。

图 1-1　　　　　　　　　　　　　　　　图 1-2

2. 设置首选项参数

01 单击"确定"按钮，即可看到工作界面效果，如图 1-3 所示。

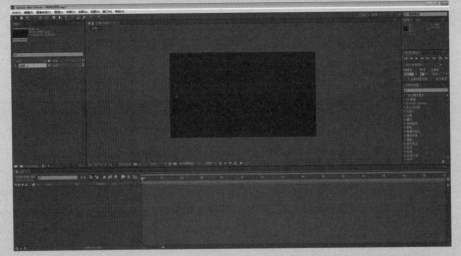

图 1-3

02 执行"编辑"|"首选项"|"界面"命令，如图1-4所示。

3.浏览编辑效果

01 在弹出的"首选项"对话框中调整相关选项，如图1-5所示。

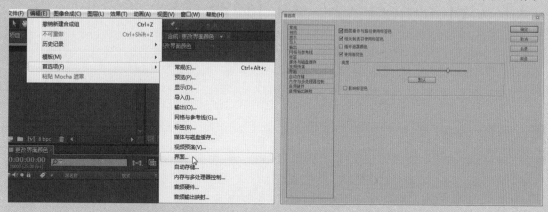

图 1-4   图 1-5

02 单击"确定"按钮，工作界面颜色变成灰色，如图1-6所示。

图 1-6

听我讲 LISTEN TO ME

1.1 After Effects CS6 入门必备

After Effects 是一款用于高端视频系统的专业特效合成软件，在正式学习 After Effects CS6 之前，首先要了解 After Effects 的应用领域以及编辑格式。

■ 1.1.1 After Effects 的应用领域

After Effects 应用范围广泛，涵盖电影、广告、多媒体及网页等，是电视台、影视后期工作室和动画公司的常用软件。

在影视后期处理方面，利用 After Effects 可以制作出天衣无缝的合成效果。

在制作 CG 动画方面，利用 After Effects 可以合成电脑游戏的 CG 动画，并确保高质量视频的输出。

在制作特效方面，利用 After Effects 可以制作出令人眼花缭乱的特技，轻松实现一切创意，如图 1-7 所示。

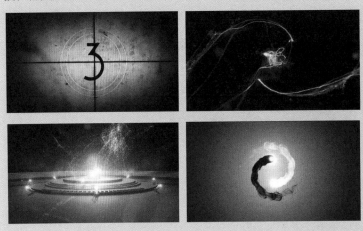

图 1-7

■ 1.1.2 After Effects 的编辑格式

由于使用 After Effects 的用户大部分是为了满足影视特效制作的需要，所以应了解数字视频的各种格式。

1）视频压缩

视频具有直观性、高效性、广泛性等优点，但由于信息量大，要使视频得到有效的应用，必须首先解决视频压缩编码问题，其次再解决压缩后视频质量的保证问题。

由于视频信号的传输信息量大，传输网络带宽要求高，如果直接对视频信号进行传输，以现在的网络带宽很难达到，所以就要求在传输视频信号前先进行压缩编码，即进行视频源压缩编码，然后再进行传送，以节省带宽和存储空间。

2）数字音频

声音是多媒体技术研究中的一个重要内容，声音的种类繁多，如人的说话声、动物的叫声、乐器的响声，以及自然界的风雷雨声等。声音的强弱体现在声波压力的大小上，音调的高低体现在声音的频率上。带宽是声音信号的重要参数，用来描述组成符合信号的频率范围。如高保真声音的频率范围为 10~20000Hz，带宽约为 20kHz。而视频信号的带宽为 6mHz。

未处理或合成声音，计算机必须把声波转换成数字，这个过程称为声音数字化，它是把连续的声波信号，通过一种称为模数转换器的部件转换成数字信号，供计算机进行处理。转换后的数字信号通过数模转换，并经过放大输出，变成人耳能够听到的声音。

3）常见的视频格式

常见的视频格式是后期制作的基础，After Effects 支持多种视频格式。常见的视频格式包括 AVI、WMV、MOV 和 ASF 等。

1.2　认识 After Effects CS6

After Effects CS6 是一款非线性影视软件，用于视频特效系统的专业特效合成。它可以利用层的方式将一些非关联的元素关联到一起，从而制作出满意的作品。

启动 After Effects CS6，进入工作界面，它由菜单栏、工具栏、合成窗口、时间轴面板、项目面板以及各类其他面板等模块组成。

相对于旧版本软件来讲，After Effects CS6 版本不仅增强了启动界面的立体感，同时还进行了一些细微改进。增加了对 CPU 和多处理器性能的支持，以及整合 CINEMA 4D、增强型动态抠图工具集、像素运动模糊效果、3D 摄像机跟踪器等功能。

1.3　设置 After Effects CS6

通常，系统会按默认设置运行 After Effects CS6 软件，但为了使所制作的作品更能满足各种特效要求，用户可以通过执行"编辑"|"首选项"命令来设置各类首选项。

■ 1.3.1　常用首选项

常用首选项包括"常规""预览""显示"和"视频预览"等内容。

1）常规

执行"编辑"|"首选项"命令，打开"首选项"对话框，选择"常规"选项卡，在展开的列表中设置相关操作选项，如图 1-8 所示。

2）预览

在"首选项"对话框中，切换至"预览"选项卡，在展开的列表中设置预览参数，如图 1-9 所示。

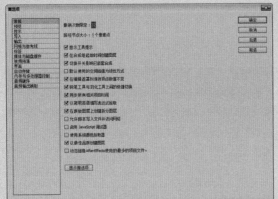

图 1-8

图 1-9

3）显示

在"首选项"对话框中，切换至"显示"选项卡，在展开的列表中设置项目的运动路径和相应的首选项即可，如图 1-10 所示。

4）视频预演

在"首选项"对话框中，切换至"视频预演"选项卡，在展开的列表中设置输出设备，如图 1-11 所示。

图 1-10

图 1-11

■ 1.3.2　导入和输出首选项

导入和输出首选项主要用于设置项目中素材的导入参数，以及视频和音频的输出参数与方式。

1）导入

在"首选项"对话框中，切换至"导入"选项卡，在展开的列表中设置"静止素材""序列素材""自动重新加载素材"等选项，如图 1-12 所示。

2）输出

在"首选项"对话框中，切换至"输出"选项卡，在展开的列表中设置项目的输出参数，如图 1-13 所示。

图 1-12

图 1-13

3）音频输出映射

在"首选项"对话框中，切换至"音频输出映射"选项卡，在展开的列表中设置其输出格式，如图 1-14 所示。

在列表中只包含了"映射其输出""左侧"和"右侧"3 个选项，每个选项的具体设置与计算机所安装的音频卡相关，用户只需要根据计算机的音频硬件进行相应的设置即可，一般情况下使用默认设置，如图 1-15 所示。

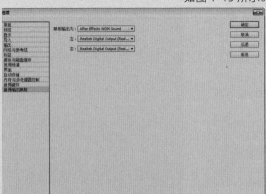

图 1-14

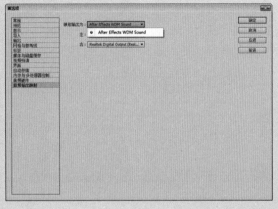

图 1-15

■ 1.3.3　界面和保存首选项

界面和保存首选项主要用于设置工作界面中的网格线和参考性、标签、外观，以及自动保存等首选项，使软件更加符合用户的使用习惯。

1）网格与参考线

在"首选项"对话框中，切换至"网格与参考线"选项卡，在展开的列表中分别设置"网格""对称网格""参考线"和"安全边距"选项，如图 1-16 所示。

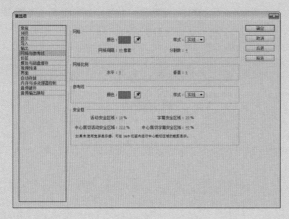

图 1-16

2）标签

在"首选项"对话框中，切换至"标签"选项卡，在展开的列表中设置"标签默认值"和"标签颜色"选项，如图 1-17 所示。

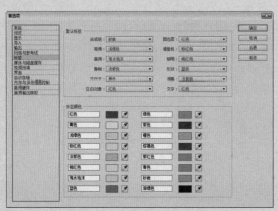

图 1-17

3）界面

在"首选项"对话框中，切换至"界面"选项卡，在展开的列表中设置相应的选项即可，如图 1-18 所示。

4）自动存储

在"首选项"对话框中，切换至"自动存储"选项卡，在展开的列表中勾选"自动存储项目"复选框，系统将根据所设置的保存间隔自动保存当前所操作的项目。只有勾选该复选框，其下方的"存储间隔"和"最多项目存储数量"选项才显示可用状态，如图 1-19 所示。

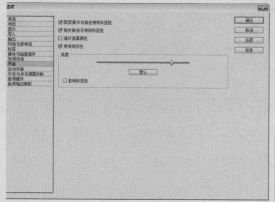

图 1-18

图 1-19

■ 1.3.4　硬件和同步首选项

硬件和同步首选项主要用于设置制作项目时所需要的"媒体和磁盘缓存""内存和多重处理""音频硬件"，以及新增加的"同步设置"功能。

1）媒体与磁盘缓存

在"首选项"对话框中，切换至"媒体与磁盘缓存"选项卡，在展开的列表中设置"磁盘缓存""匹配媒体高速缓存"和"XMP 元数据"选项，如图 1-20 所示。

2）内存与多处理器控制

在"首选项"对话框中，切换至"内存与多处理器控制"选项卡，在展开的列表中设置"内存"和"After Effects 多重处理"选项，如图 1-21 所示。

图 1-20

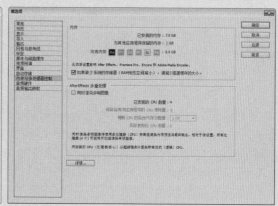

图 1-21

3）音频硬件

在"首选项"对话框中，切换至"音频硬件"选项卡，在展开的列表中设置音频的相关设置，如图 1-22 所示。

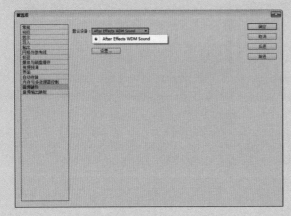

图 1-22

1.4　影视后期制作知识

人们每天都在和媒体打交道，如观看电视、电影、视频广告等，但对其后期制作却知之甚少，下面将着重对影视后期的制作知识进行介绍。

1.4.1　视频基础知识

1）电视制式

电视制式即指传送电视信号所采用的技术标准，通俗地讲，就是电视台和电视机之间共同实行的一种处理视频和音频信号的标准，当标准统一时，即可实现信号的接收。基带视频是一个简单的模拟信号，由视频模拟数据和视频同步数据构成，用于接收端正常地显示图像，信号的细节取决于应用的视频标准或制式。

世界上广泛使用的电视广播制式有 PAL、NTSC 和 SECAM，中国大部分地区使用 PAL 制式，欧美国家、日韩和东南亚地区主要使用 NTSC 制式，俄罗斯主要使用 SECAM 制式。

2）电视扫描方式

电视扫描方式主要分为逐行扫描和隔行扫描。逐行扫描是指每一帧图像由电子束顺序地以均匀速度一行接着一行连续扫描。而隔行扫描就是在每帧扫描行数不变的情况下，将每帧图像分为两场来传送，这两场分别为奇场和偶场。

3）数字视频的压缩

对于视频压缩有两个基本要求：一是必须在一定的带宽内，即视频编码器应具有足够的压缩比；二是视频信号压缩之后，经恢复应保证一定的视频质量。

■ 1.4.2　线性和非线性编辑

线性编辑与非线性编辑是两种常见的视频编辑方式，介绍如下。

1）线性编辑

传统的视频剪辑采用录像带剪辑的方式。传统的线性编辑需要的硬件多，价格昂贵，各硬件设备之间不能很好地兼容，对硬件性能有很大的影响。

2）非线性编辑

非线性编辑是相对于线性编辑而言的，是直接从计算机硬盘中以帧或文件的方式迅速、准确地存取素材进行编辑的方式。非线性编辑很灵活，不受每帧前后顺序的制约，可任意进行编辑。

■ 1.4.3　影视后期合成

影视后期合成主要包括影片的特效制作、音频制作及素材合成。主要的合成软件有层级合成软件和节点式合成软件，其中 After Effects 和 Combustion 为层级合成软件，DFusion、Shake 和 Premiere 是节点式合成软件。

操作技能

DFusion 是用于影视后期、独立图像处理的特效合成平台。DFusion 中的工具都是由专业特效艺术家和编辑（者）根据影视制作需要专门研发设置的。

1.5　影视后期制作流程

影视后期制作一般主要包括镜头组接、特效制作、声音合成三个部分。

1）影视广告制作的基本流程

影视广告制作的基本流程是：冲胶片、胶转磁、剪辑、配音、作曲（或选取）、特技处理（数码制作）、合成等。其中电视摄像机没有胶片冲洗以及胶转磁的过程。

2）电视包装制作的基本流程

电视包装制作的基本流程是：设计主题 logo、寻找素材、制作三维模型、绘制分镜头、客户审核、整理镜头、设置三维动画、制作粗模动画、渲染三维成品、制作成品动画等。

自己练 PRACTICE YOURSELF

■ 1. 如何获得软件?

利用网络下载 After Effects 应用程序, 或者通过 Adobe 官网购买软件。

图 1-23

■ 2. 遇到难题或疑惑时如何解决?

图 1-24

操作要点

01 可在搜索引擎上查询疑惑, 既方便又快捷。

02 询问身边的 After Effects 高手, 相互探讨, 共同进步。

03 去附近书店或图书馆, 翻阅 After Effects 相关资料, 可使用笔记本将重点记下。

CHAPTER 02

创建我的项目——
After Effects操作详解

本章概述 SUMMARY

After Efftecs的项目是存储在硬盘上的单独文件，其中存储了合成、素材以及所有的动画信息。一个项目可以包含多个素材和多个合成，合成中的许多层是通过导入的素材创建的。也有是在After Efftecs中直接创建的图形图像文件。本章将详细介绍创建和管理项目的基础知识及操作技巧，为用户使用After Efftecs CS6制作高质量的影片奠定坚实的基础。

■ 核心知识点

创建项目 ★☆☆

导入素材 ★☆☆

管理素材 ★★☆

嵌套合成 ★★★

新建项目并导入素材　　　　　　　　　　基于素材新建合成

跟我学 LEARN
WITH ME

■ 创建我的项目

案例描述：在 After Efftecs CS6 中，创建项目是必不可少的，复杂的视频特效都是基于项目进行制作的，本案例将详细介绍项目的创建等操作。

实现过程

1. 新建项目并导入素材

01 执行"文件"|"新建"|"新建项目"命令，即可创建一个采用默认设置的空白项目，如图 2-1 所示。

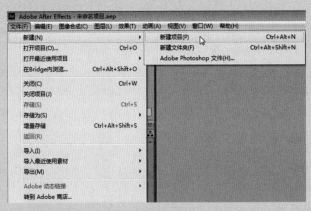

图 2-1

02 执行"文件"|"导入"|"文件"命令，或按 Ctrl+I 组合键，如图 2-2 所示。

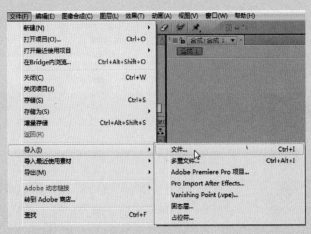

图 2-2

03 在打开的"导入文件"对话框中选择需要导入的文件，如图 2-3 所示。

04 单击"打开"按钮，即可观看效果，如图 2-4 所示。

图 2-3

图 2-4

2. 基于素材新建合成

01 选择素材"09.jpeg"，单击鼠标右键，在弹出的菜单栏中选择"复制项目为新的合成"命令，如图 2-5 所示。

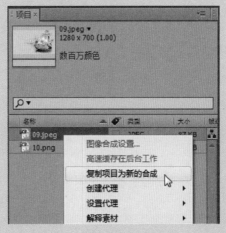

图 2-5

02 完成新建合成，如图2-6所示。

图2-6

3.添加素材并设置参数

01 将"项目"面板中的素材"10.png"拖入时间轴面板中，如图2-7所示。

图2-7

02 在"合成"面板中预览效果，如图2-8所示。

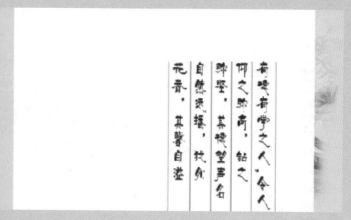

图 2-8

03 展开 "变换" 属性,设置相关参数,如图 2-9 所示。

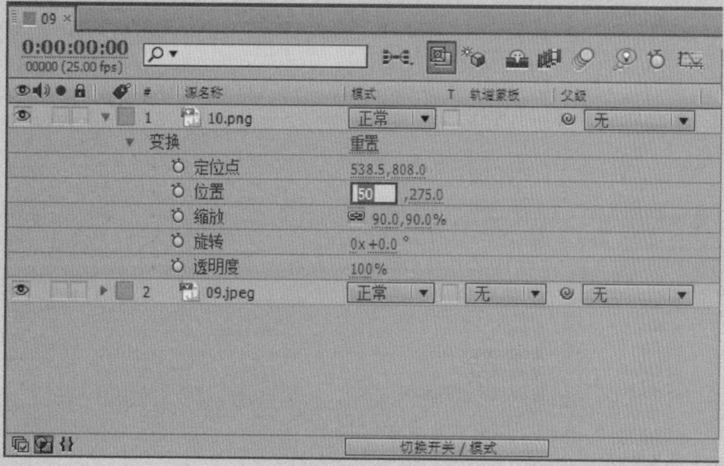

图 2-9

04 在 "合成" 面板中预览效果,如图 2-10 所示。

图 2-10

4. 保存项目文件

01 执行"文件"|"存储"命令，如图 2-11 所示。

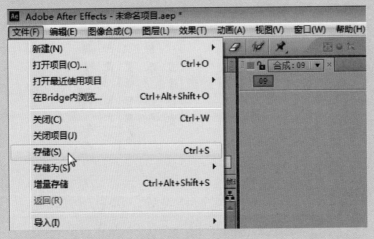

图 2-11

02 在打开的"存储为"对话框中输入项目名称，单击"保存"按钮，如图 2-12 所示。

图 2-12

听我讲 LISTEN TO ME

2.1 创建项目

在编辑视频文件时，首先要创建一个项目文件，规划好项目名称及用途。如果要制作比较特殊的项目，则需要对其进行更详细的设置。

■ 2.1.1 创建与打开项目

After Efftecs CS6 中的项目是一个文件，用于存储合成、图形及项目素材使用的所有源文件的引用。在新建项目之前，需要先了解一下项目的基础知识。

1）项目概述

当前项目的名称显示在 After Efftecs CS6 窗口的顶部，一般使用 .aep 作为文件扩展名。除了该文件扩展名外，还支持模板项目文件的 .aet 文件扩展名和 .aepx 文件扩展名。

2）新建空白项目

在 After Efftecs CS6 中，执行"文件"|"新建"|"新建项目"命令，即可创建一个采用默认设置的空白项目，如图 2-13 所示。也可以使用 Ctrl+Alt+N 组合键，快速创建一个空白项目，如图 2-14 所示。

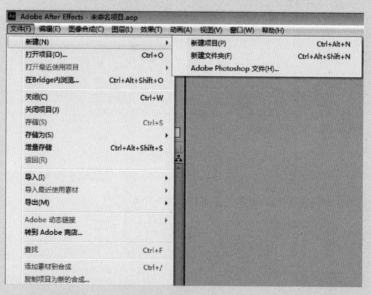

图 2-13

图 2-14

3）打开项目文件

After Efftecs CS6 为用户提供了多种项目文件的打开方式，包括打开项目、打开最近项目、在 Bridge 中浏览等。

当需要打开本地计算机中所存储的项目文件时，只需要执行"文件"｜"打开项目"命令，或使用 Ctrl+O 组合键即可，如图 2-15 所示。在打开的"打开"对话框中，选择相应的项目文件，单击"打开"按钮，如图 2-16 所示。

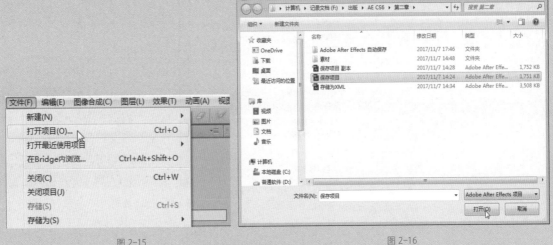

图 2-15   图 2-16

当需要打开最近使用的项目文件时，执行"文件"|"打开最近使用项目"命令，如图 2-17 所示。在展开的菜单中选择具体项目，即可打开最近使用项目，如图 2-18 所示。

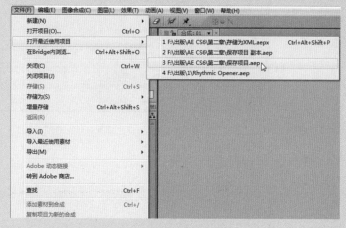

图 2-17

图 2-18

■ 2.1.2 保存和备份项目

在制作完项目及合成文件后，需要及时将项目文件进行保存与备份，以免造成不必要的损失。

1）保存项目

保存项目是将新建项目或重新编辑的项目保存在本地计算机中，对于新建项目则需要执行"文件"|"存储"命令，如图 2-19 所示。在打开的"存储为"对话框中设置保存名称和位置，单击"保存"按钮即可，如图 2-20 所示。

图 2-19   图 2-20

2）保存为副本

如果需要将当前项目文件保存为一个副本，则执行"文件"｜"存储为"｜"存储副本"命令，如图 2-21 所示。在打开的"存储副本"对话框中设置保存名称和位置，单击"保存"按钮即可，如图 2-22 所示。

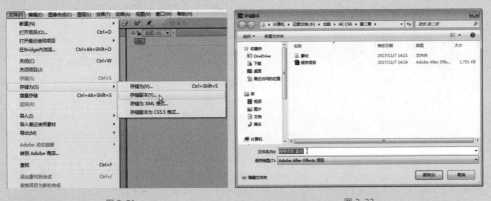

图 2-21   图 2-22

3）保存为 XML 文件

当用户需要将当前项目文件保存为 XML 编码文件时，可执行"文件"｜"存储为"｜"存储为 XML 格式"命令，如图 2-23 所示。在打开的"存储副本为 XML 格式"对话框中设置保存名称和位置，单击"保存"按钮即可，如图 2-24 所示。

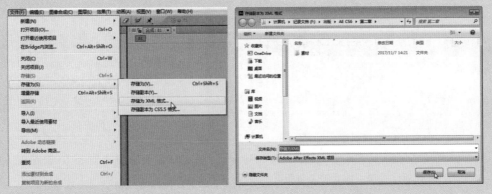

图 2-23   图 2-24

2.2 导入素材

After Efftecs 提供了多种导入素材的方法，如果想做出丰富多彩的视觉效果，需要将不同类型格式的图形、动画导入到 After Efftecs CS6 中。

■ 2.2.1 素材格式

After Efftecs CS6 在制作影视特效时，可导入视频文件、图像文件和音频文件。

1）视频素材格式

视频素材是由一系列单独的图像组成的素材形式。After Efftecs CS6 支持的视频素材格式包括 MOV、AVI、WMV、MPEG 等。

2）图像素材格式

图像素材是指各类摄影、设计图片，是影视特效制作中运用最为普遍的素材。After Effects CS6 支持的图像素材格式包括 JPEG、JPG、GIF、PNG、TIFF、BMP 等。

3）音频素材格式

音频素材主要是指一些特效声音、字幕配音、背景音乐等，After Effects CS6 支持的音频素材格式包括 WAV 和 MP3 等。

■ 2.2.2 菜单导入素材

执行"文件"|"导入"|"文件"命令，或按 Ctrl+I 组合键，如图 2-25 所示。在打开的"导入文件"对话框中选择需要导入的文件，如图 2-26 所示。

图 2-25

图 2-26

■ 2.2.3　项目窗口导入素材

在"项目"窗口空白处单击鼠标右键，执行"导入"|"文件"命令，如图 2-27 所示。或双击鼠标左键，也可打开"导入文件"窗口，如图 2-28 所示。

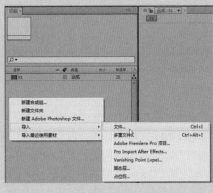

图 2-27　　　　　　　　　　　　　图 2-28

2.3　管理素材

在使用 After Efftecs 导入大量素材之后，为保证后期制作工作有序开展，还需要对素材进行一系列的管理和解释。

■ 2.3.1　组织素材

"项目"面板中提供了素材组织功能，可以使用文件夹进行组织素材的操作，下面详细介绍几种通过创建文件夹组织素材的操作方法。

执行菜单栏中的"文件"|"新建"|"新建文件夹"命令，即可创建一个新的文件夹，如图 2-29 所示；在"项目"面板空白处单击鼠标右键，在弹出的菜单栏中选择"新建文件夹"命令，即可创建一个新的文件夹，如图 2-30 所示。

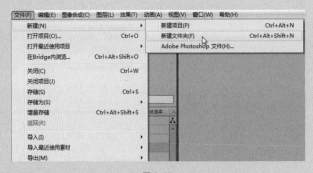

图 2-29

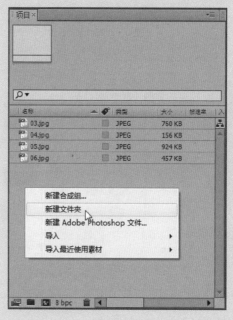

图 2-30

在"项目"面板下方，单击"新建文件夹"按钮，如图 2-31 所示。
"项目"面板中被创建了一个新文件夹，如图 2-32 所示。

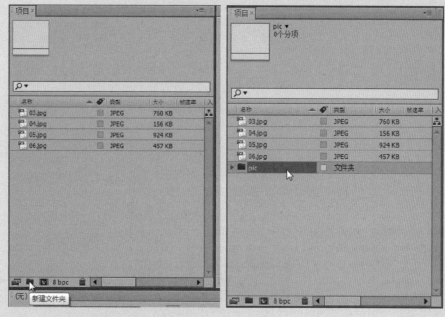

图 2-31   图 2-32

■ 2.3.2　替换素材

在处理视频的过程中，如果导入的素材不理想，可以通过替换的
方式来修改。

在"项目"面板中选择要替换的素材，单击鼠标右键，在弹出的菜单栏中选择"替换素材"|"文件"命令，如图 2-33 所示。在打开的"替换素材文件"对话框中选择要替换的素材，单击"打开"按钮，如图 2-34 所示。

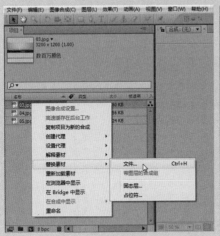

图 2-33

图 2-34

■ 2.3.3　解释素材

由于视频素材有很多种规格参数，如帧速率、场、像素纵横比等。如果设置不当，在播放预览时会出现问题，这时需要对这些视频参数进行重新解释处理。

在"项目"面板中选择某个素材，执行"文件"|"解释素材"|"主要"命令，如图 2-35 所示；或直接单击"项目"面板底部的"解释素材"按钮，打开"解释素材"对话框，如图 2-36 所示。

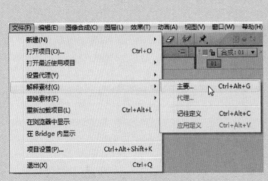

图 2-35

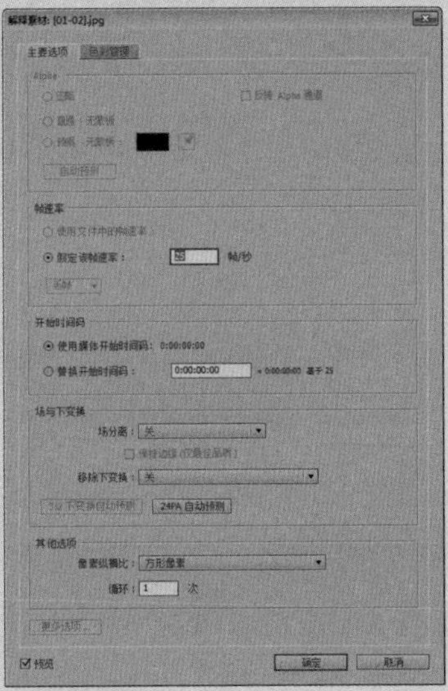

图 2-36

利用该对话框可以对素材的 Alpha 通道、帧速率、开始时间码、场与下变换等重新进行解释。

1）设置 Alpha 通道

如果素材带有 Alpha 通道，系统将会打开该对话框并自动识别 Alpha 通道。在"Alpha"选项组中主要包括以下几种选项。

忽略：忽略 Alpha 通道的透明信息，透明部分以黑色填充替代。

直通－无蒙版：将通道解释为直通型。

预乘－无蒙版：将通道解释为预乘型，并可设置蒙版颜色。

反转 Alpha 通道：可以反转透明区域和不透明区域。

自动预测：让软件自动预测素材所带的通道类型。

2）帧速率

帧速率是指每秒从源素材项目对图像进行多少次采样，以及设置关键帧时所依据的时间划分方法等内容。在"帧速率"选项组中主要包括下列两种选项。

（1）使用文件中的帧速率：可以使用素材默认的帧速率进行播放。

（2）假定该帧速率：调整素材的速率。

3）开始时间码

设置素材的开始时间码。在"开始时间码"选项组中主要包括使用媒体开始时间码和替换开始时间码两种选项。

4）场与下变换

在视频采集过程中，视频采集卡会对视频信号进行交错场处理。对于其他素材则可以通过"高场优先""低场优先"或"关"选项来设置分离场。

5）其他选项

（1）像素纵横比：主要用于设置像素宽高比。

（2）循环：设置视频循环次数，默认情况下只播放一次。

（3）更多选项：仅在素材为 Camera Raw 格式时被激活。

■ 2.3.4　代理素材

代理是视频编辑中的重要概念与组成元素，在编辑影片过程中，为加快渲染显示，提高编辑速度，可以使用一个低质量的素材代替编辑。

占位符是一个静帧图片，以彩条方式显示，其原本的用途是标注丢失的素材文件。占位符在以下两种情况下出现。

（1）不小心删除了硬盘的素材文件，"项目"面板中的素材会自动替换为占位符，如图 2-37 所示。

（2）选择一个素材，单击鼠标右键，在弹出的菜单栏中选择"替换素材"|"占位符"命令，可以将素材替换为占位符，如图 2-38 所示。

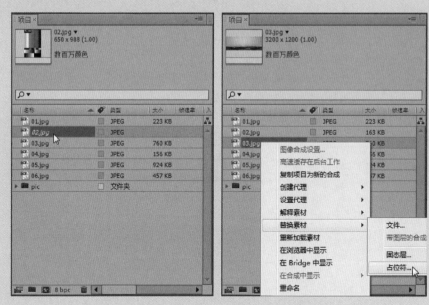

图 2-37   图 2-38

2.4 认识合成

　　创建项目文件后还不能进行视频的编辑操作，还要创建一个合成文件，这是 After Efftecs CS6 与其他软件不同的地方。合成是作品的框架，包括视频、音频、动画文本、矢量图形等多个图层，合成的作品不仅能够独立工作，还可以作为素材使用。

■ 2.4.1 新建合成

　　合成一般用来组织素材，在 After Efftecs CS6 中，既可以新建一个空白的合成，也可以根据素材新建一个包含素材的合成。

　　1）新建空白合成

　　执行"图像合成"｜"新建合成组"命令，如图 2-39 所示；或者单击"项目"面板底部的"新建合成"按钮，在打开的"图像合成设置"对话框中设置相应选项，如图 2-40 所示。

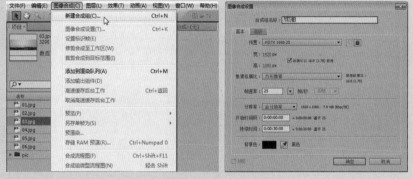

图 2-39   图 2-40

2）基于单个素材新建合成

当"项目"面板中导入外部素材文件后，还可以通过素材建立合成。在"项目"面板中选中某个素材，执行"文件"|"复制项目为新的合成"命令，如图 2-41 所示；或者将素材拖至"项目"面板底部的"新建合成"按钮即可，如图 2-42 所示。

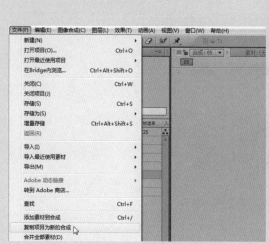

图 2-41

图 2-42

3）基于多个素材新建合成

在"项目"面板中同时选择多个文件，单击鼠标右键，在弹出的菜单栏中选择执行"复制项目为新的合成"命令，如图 2-43 所示；或将多个素材拖至"项目"面板底部的"新建合成"按钮上，系统将打开"从所选择新建合成"对话框，设置相关选项，单击"确定"按钮，如图 2-44 所示。

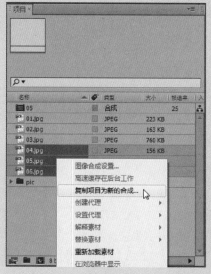

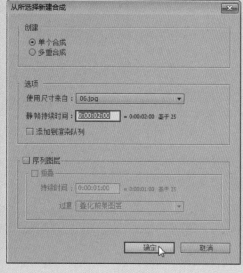

图 2-43

图 2-44

■ 2.4.2　合成窗口

"合成"窗口主要是用来显示各个层的效果，不仅可以对层进行移动、旋转、缩放等直观调整，还可以显示对层使用滤镜等特效。

合成窗口分为预览窗口和操作区域两大部分，预览窗口主要用于显示图像，而在预览窗口的下方则为包含工具栏的操作区域，如图 2-45 所示。

图 2-45

■ 2.4.3　"时间轴"面板

"时间轴"面板是编辑视频特效的主要面板，用来管理素材的位置，并在制作动画效果时，定义关键帧的参数和相应素材的出入点和延时，如图 2-46 所示。

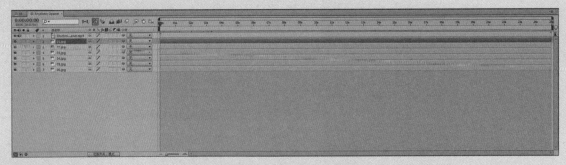

图 2-46

■ 2.4.4　嵌套合成

合成的创建是为了视频动画的制作，而对于效果复杂的视频动画，还可以将合成作为素材，放置在其他合成中，形成视频动画的嵌套合成效果。

1）嵌套合成的概述

嵌套合成是一个合成包含在另一个合成中，显示为包含的合成中的一个图层。嵌套合成又称为预合成，由各种素材以及合成组成。

2）生成嵌套合成

可通过将现有合成添加到其他合成中的方法来创建嵌套合成。在"时间轴"面板中选择单个或多个图层，单击鼠标右键，在弹出的菜单栏中选择"预合成"命令，如图 2-47 所示；在打开的"预合成"对话框中即可创建嵌套合成，如图 2-48 所示。

图 2-47

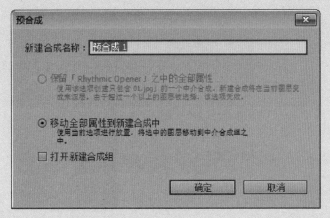

图 2-48

自己练 PRACTICE YOURSELF

■ 1. 新建嵌套合成

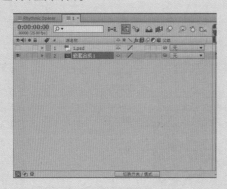

图 2-49

操作要点

01 导入所需素材；

02 选择素材，单击鼠标右键，在弹出的菜单栏中选择"复制项目为新的合成"命令；

03 在打开的对话框中设置合成参数。

■ 2. 导入 PSD 格式素材

图 2-50

操作要点

01 执行"文件"|"导入"|"文件"命令，或在项目面板中双击，导入所需文件；

02 在打开的对话框中对 PSD 格式素材进行解释；

03 在"合成"窗口即可预览素材效果。

CHAPTER 03

制作圣诞夜动画——
图层操作详解

本章概述 SUMMARY

After Effects CS6中的图层是构成合成的基本元素，既可以存储类似于Photoshop图层中的静止图片，又可以存储动态视频。本章将详细介绍After Effects CS6图层的种类、创建、属性以及基本操作等知识内容。

■ 核心知识点

图层的分类 ★☆☆

图层的基本操作 ★★☆

图层属性 ★☆☆

图层的叠加模式 ★★★

圣诞夜动画制作　　　　　　　　　　　　由创建的素材编辑层

跟我学 LEARN
WITH ME

■ 制作圣诞夜动画

案例描述：在影视节目制作过程中，经常会利用图层达到不同的动画效果。本案例将通过圣诞夜的动画效果，让读者更好地了解图层的相关知识以及操作和应用。

实现过程

1. 新建合成并导入素材

01 在"项目"面板上单击鼠标右键，在弹出的菜单栏中选择"新建合成组"命令，或单击"项目"面板底部的"新建合成"按钮，如图 3-1 所示。

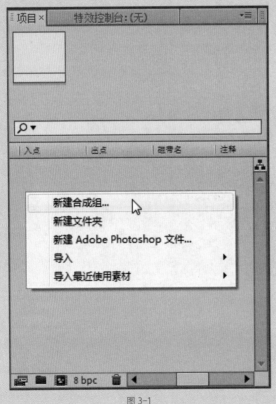

图 3-1

02 在打开的"图像合成设置"对话框中设置相应选项，单击"确定"按钮，如图 3-2 所示。

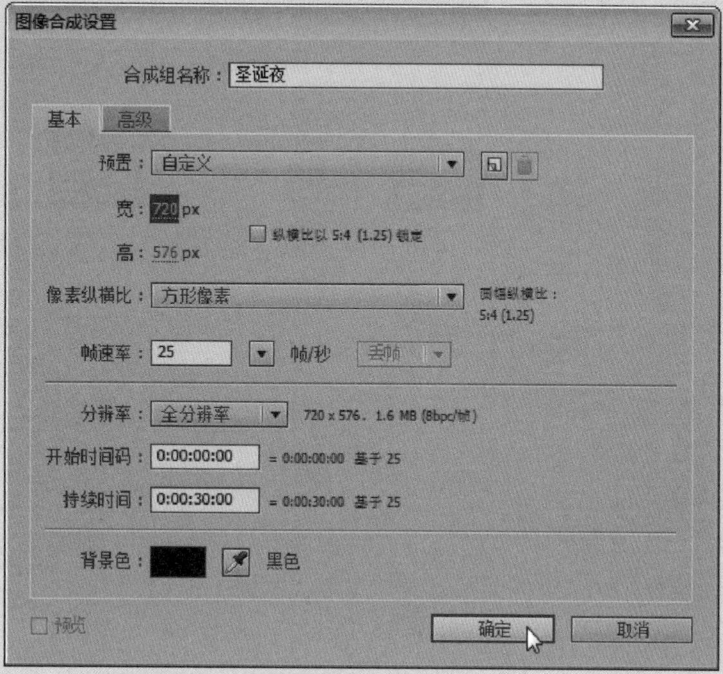

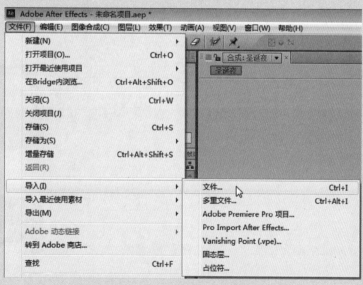

图 3-2

03 执行"文件"|"导入"|"文件"命令，或按 Ctrl+I 组合键，如图 3-3 所示。

图 3-3

04 在打开的"导入文件"对话框中选择需要导入的文件，如图 3-4 所示。

图 3-4

05 单击"打开"按钮,将"项目"面板中的素材拖至"时间轴"面板,如图 3-5 所示。

06 在"合成"窗口中预览效果,如图 3-6 所示。

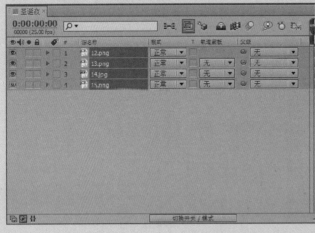

图 3-5

图 3-6

2. 设置图层排序及相关参数

01 对图层进行排序,并关闭图层"15.png"和"14.jpg",如图 3-7 所示。

图 3-7

02 在 "合成" 窗口中预览排序后的效果, 如图 3-8 所示。

图 3-8

03 展开 "12.png" 图层, 并设置相关参数, 如图 3-9 所示。

图 3-9

04 在 "合成" 窗口中预览效果, 如图 3-10 所示。

05 展开 "13.png" 图层, 并设置相关参数, 如图 3-11 所示。

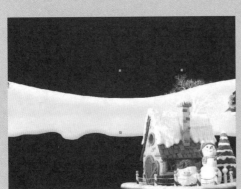

图 3-10

图 3-11

06 在"合成"窗口中预览效果，如图 3-12 所示。

07 单击"14.jpg"素材前的显示开关，如图 3-13 所示。

图 3-12

图 3-13

08 在"合成"窗口中预览效果，如图 3-14 所示。

图 3-14

09 展开"14.jpg"图层，并设置相关参数，如图 3-15 所示。

图 3-15

10 在"合成"窗口中预览效果，如图 3-16 所示。

图 3-16

11 设置"14.jpg"图层的混合模式为"屏幕"，如图 3-17 所示。

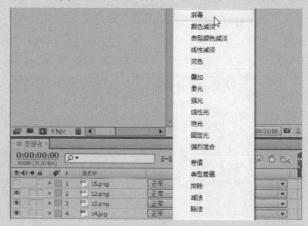

图 3-17

12 在"合成"窗口中预览效果，如图 3-18 所示。

13 用同样的方法单击"15.png"图层前的显示开关，并设置相关参数，如图 3-19 所示。

图 3-18    图 3-19

14 在"合成"窗口中预览效果，如图 3-20 所示。

图 3-20

3. 设置关键帧动画

01 选择"15.png"图层，将时间指示器拖至开始处，添加第一
个关键帧，设置"位置"为 100，100，"缩放"为 5%，"旋转"
为"0x+25.0°"，"透明度"为 60%，如图 3-21 所示。

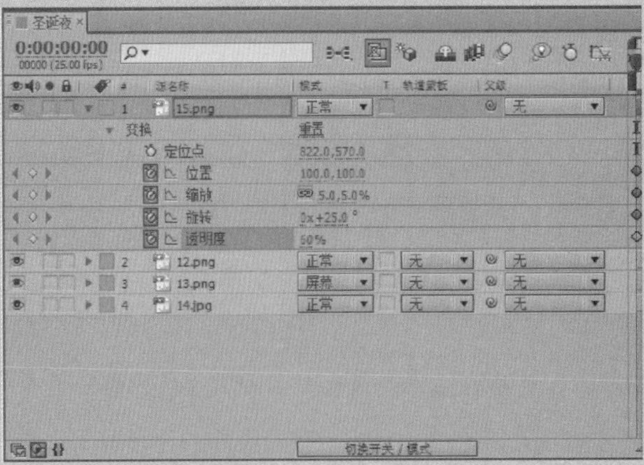

图 3-21

02 在"合成"窗口中预览效果，如图 3-22 所示。

图 3-22

03 将时间指示器拖至 0:00:03:00 处，添加第二个关键帧，设置"位置"为 280，200，"缩放"为 12%，"旋转"为"0x+0.0°"，"透明度"为 90%，如图 3-23 所示。

图 3-23

04 在"合成"窗口中预览效果，如图 3-24 所示。

图 3-24

05 将时间指示器拖至 0:00:04:00 处，添加第三个关键帧，设置"位置"为 330，320，"缩放"为 16%，"旋转"为"0x+8.0°"，"透明度"为 100%，如图 3-25 所示。

06 在"合成"窗口中预览效果，如图 3-26 所示。

图 3-25 图 3-26

4. 保存项目文件

01 执行"文件"|"存储"命令，如图 3-27 所示。

02 在打开的"存储为"窗口中设置项目名称，如图 3-28 所示。

图 3-27 图 3-28

3.1 图层的分类

After Effects 中的层与 Photoshop 中的图层原理相同，将素材导入合成中，素材会以合成中一个层的形式存在，并将多个层进行叠加制作，以便得到最终的合成效果。

After Effects CS6 除了可以导入视频、音频、图像、序列等素材外，还可以创建不同类型的图层，这些图层包括素材图层、文本图层、照明图层、摄像机图层等。

1）素材图层

素材图层是将图像、视频、音频等素材从外部导入到 AE 软件中，然后添加到"时间轴"面板中形成的图层，可对其执行缩放、旋转等操作，如图 3-29 所示。

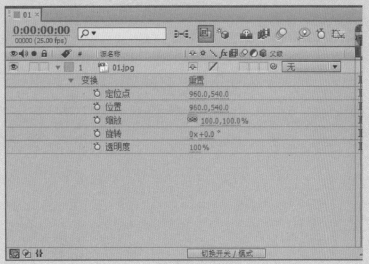

图 3-29

2）文本图层

使用文本图层可以快速地创建文字，并对文本图层制作文字动画，还可以进行缩放、旋转及透明度的调节，如图 3-30 所示。

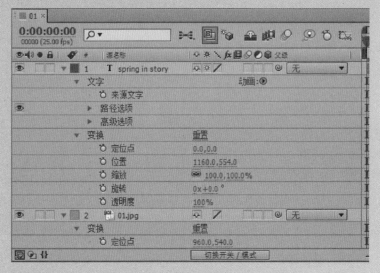

图 3-30

3）固态层

固态层是具有固态颜色的层，是在制作各种特效时用到的最多的层，如图 3-31 所示。

4）照明图层

照明图层用来添加各种光影效果，可模拟出真实的阴影效果，但只有在 3D 效果下才能使用，如图 3-32 所示。

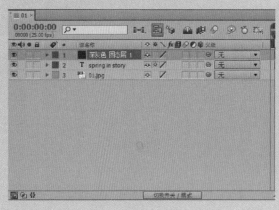

图 3-31   图 3-32

5）摄像机图层

摄像机图层通常是用来设置摄像机的，在 3D 模式下，将层沿着 X、Y、Z 轴移动后会出现 3D 效果，如图 3-33 所示。

6）空白对象图层

空白对象图层是虚拟层，在该层上增加特效是不会被显示的，经常用来制作父子链接和配合表达式等，如图 3-34 所示。

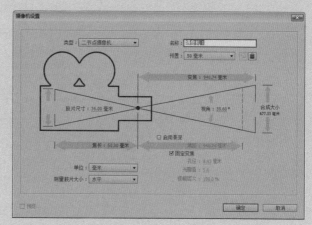

图 3-33

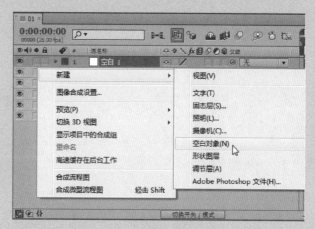

图 3-34

7）形状图层

　　形状图层是可以使用工具栏上的形状工具，或者钢笔工具进行创
建，如图 3-35 所示。

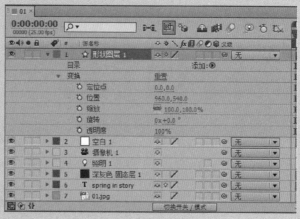

图 3-35

8）调节层

调节层一般位于层的最上方，当为其添加效果时，只对下面的层有效，它可以统一调节层的效果，如图 3-36 所示。

图 3-36

3.2　图层的基本操作

■ 3.2.1　创建图层

在 After Effects 中进行合成操作时，导入合成图像的素材都会以层的形式出现。当制作一个复杂的效果时，往往会应用到大量的层，下面介绍几种创建图层的方法。

1）由导入的素材创建层

把"项目"窗口中的素材文件直接拖曳到"时间轴"窗口中，在打开的"基于所选项新建合成"窗口中设置参数，即可创建一个素材图层，如图 3-37 所示。

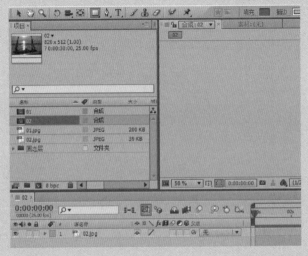

图 3-37

2）由剪辑的素材创建层

可以在 After Effects 的 Footage 素材面板中剪辑一个视频素材，这个操作对于截取某一个片段非常有用。

01 双击"项目"面板中导入的素材，即可在"素材"面板中预览效果，如图 3-38 所示。

02 将时间指示标拖至需要的位置，单击"设置入点"按钮，如图 3-39 所示。

图 3-38

图 3-39

03 将时间指示标拖至相关位置，单击"设置出点"按钮，如图 3-40 所示。

04 单击"素材"面板底部的"覆盖编辑"按钮，即可创建一个新的层，如图 3-41 所示。

图 3-40

图 3-41

3）创建一个 Photoshop 层

如果选择创建一个 Photoshop 层，Photoshop 会自动启动并创建一个空文件，然后自动导入到 After Effects 的"项目"面板中，作为一个素材存在，如图 3-42 所示。

图 3-42

3.2.2 管理图层

完成创建图层后，还需要对图层进行管理，如剪辑或扩展层、提升工作区等。

1）剪辑或扩展层

直接拖曳层的出入点可以对层进行剪辑，经过剪辑的层的长度会发生变化。也可以将时间指示标拖曳到需要定义层出入点的时间位置上。

图片层可以随意地剪辑或扩展。视频层可以剪辑，但不可以直接扩展，因为视频层中视频素材的长短限定了层的长度。

2）提升工作区

如果需要将层的一段素材删除，并保留该删除区域的素材所占有的时间，可以使用"提升工作区"命令。

下面将讲解层在实际操作中的应用效果。

01 拖曳工作区的端点到需要的位置，或按快捷键 B 来定义工作区的开始，如图 3-43 所示。

02 拖曳工作区的端点到需要的位置，或按快捷键 N 来定义工作区的结束，如图 3-44 所示。

图 3-43   图 3-44

03 执行"编辑"|"提升工作区"命令，如图 3-45 所示。

图 3-45

04 层被分为两层，工作区部分被删除，如图 3-46 所示。

图 3-46

■ 3.2.3 拆分图层

在编辑的过程中有时需要将一个层从时间指示标处断开为两个
素材。

01 将时间指示器拖至需要的位置，执行"编辑"|"拆分图层"
命令，如图 3-47 所示。

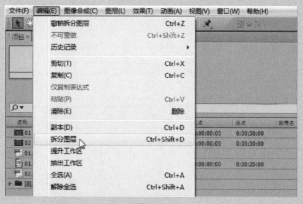

图 3-47

02 时间轴中的图层被分隔开，如图 3-48 所示。

图 3-48

3.2.4　调整图层顺序

在"时间轴"面板中选择层并拖曳到合适的位置，可以改变图层
顺序。拖曳时要注意观察灰色水平线的位置，如图 3-49 所示。

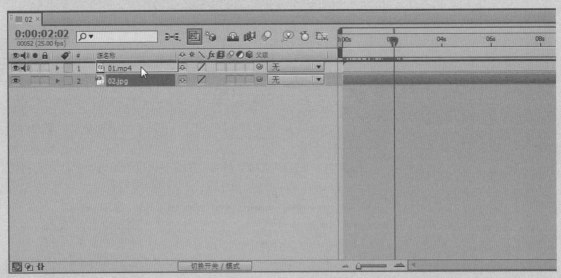

图 3-49

3.3　图层属性

每个图层都具有属性，用户可以通过设置图层属性，为图层添加
动画效果。

■ 3.3.1　定位点

定位点控制图层的旋转或移动中心，默认情况下定位点在图层的中心，除了可以在"时间轴"面板中进行精确的调整，还可以使用相应的工具在"合成"窗口中手动调整。设置素材不同定位点参数，其对比效果如图 3-50、图 3-51 所示。

图 3-50　　　　　　　　　　　　　　　　　　图 3-51

■ 3.3.2　位置属性

位置主要用来制作图层的位移动画。设置素材不同位置参数，其对比效果如图 3-52、图 3-53 所示。

图 3-52　　　　　　　　　　　　　　　　　　图 3-53

■ 3.3.3　缩放属性

缩放属性可以以定位点为基准来改变图层的大小。设置素材不同缩放参数，其对比效果如图 3-54、图 3-55 所示。

图 3-54   图 3-55

■ 3.3.4 旋转属性

旋转属性不仅提供了用于定义图层对象角度的旋转角度参数，还提供了用于制作旋转动画效果的旋转圈数参数。设置素材不同旋转参数，其对比效果如图 3-56、图 3-57 所示。

图 3-56   图 3-57

■ 3.3.5 不透明度属性

通过设置不透明属性，可以设置图层的透明效果，可以透过上面的图层查看到下面图层对象的状态。

3.4　图层的叠加模式

After Effects CS6 提供了丰富的图层叠加模式，用来定义当前图层与底图的作用模式。所谓图层叠加，就是将一个图层与其下面的图层叠加，以产生特殊的效果。

■ 3.4.1　普通模式

普通模式组包括了正常模式、溶解模式和动态抖动溶解模式 3 个模式。在没有透明度影响的前提下，这种类型的叠加模式产生的最终效果的颜色不会受底层像素颜色的影响。

1）正常模式

正常模式是 After Effects CS6 的默认模式。当图层的不透明度为 100% 时，合成会根据 Alpha 通道正常显示当前图层，并且不受其他图层的影响，如图 3-58 所示；当图层不透明度小于 100% 时，当前图层的每个像素点的颜色将受到其他图层的影响，如图 3-59 所示。

图 3-58

图 3-59

2）溶解模式

溶解模式是在图层有羽化边缘或不透明度小于 100% 时才起作用。设置不同不透明度值其对比效果如图 3-60、图 3-61 所示。

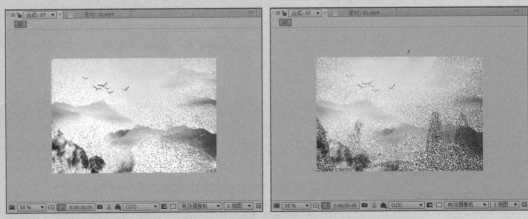

图 3-60　　　　　　　　　　　　图 3-61

3）动态抖动溶解模式

动态抖动溶解模式和溶解模式的原理相似，只是动态溶解模式可以随时更新随机值。

3.4.2　变暗模式

变暗模式包括变暗模式、正片叠底模式、线性加深模式、颜色加深模式、典型颜色加深模式和暗色模式 6 个模式，可以使图像的整体颜色变暗。

1）变暗模式

变暗模式是通过比较源图层的颜色亮度来保留较暗的颜色部分，如图 3-62 所示。

2）正片叠底模式

正片叠底模式是一种混合模式，是将基色与混合色叠放在一起，拿起来到亮光处看的效果，且重叠之后的效果会比原来的图像暗，如图 3-63 所示。

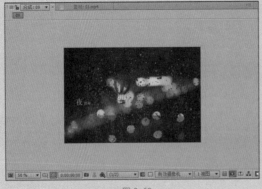

图 3-62　　　　　　　　　　　　图 3-63

3）线性加深模式

线性加深模式是比较基色和叠加色的颜色信息，通过降低基色的亮度来反映叠加色，如图 3-64 所示。

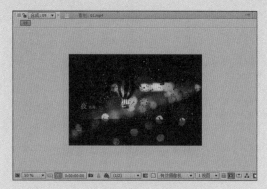

图 3-64

4）颜色加深模式

颜色加深模式是通过增加对比度来使颜色变暗，以反映叠加色，如图 3-65 所示。

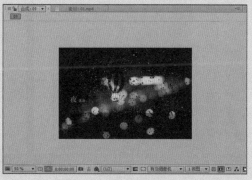

图 3-65

5）典型颜色加深模式

典型颜色加深模式是通过增加对比度来使颜色变暗，以反映叠加色，但要优于颜色加深模式，如图 3-66 所示。

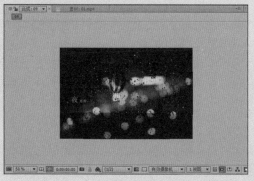

图 3-66

6）暗色模式

暗色模式与变暗模式效果相似，但该模式不对单独的颜色通道起
作用，如图 3-67 所示。

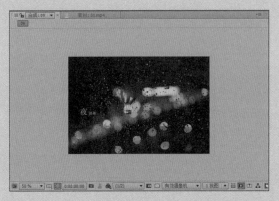

图 3-67

■ 3.4.3 变亮模式

变亮模式包括添加模式、变亮模式、屏幕模式、线性减淡模式、
颜色减淡模式、典型颜色减淡模式和亮色模式 7 个模式，这种叠加模
式可以使图像的整体颜色变亮。

1）添加模式

添加模式是将上下层对应的像素进行加法运算，如图 3-68 所示。

2）变亮模式

变亮模式与变暗模式效果相反，它可以查看每个通道中的颜色信
息，并选择基色和叠加色中较亮的颜色作为结果色，如图 3-69 所示。

图 3-68   图 3-69

3）屏幕模式

屏幕模式是一种加强叠加模式，可以将叠加色的互补色与基色相
乘，以得到更亮的效果，如图 3-70 所示。

图 3-70

4）线性减淡模式

线性减淡模式可以查看每个通道的颜色信息，并通过增加亮度来使基色变亮，以反映叠加色，如图 3-71 所示。

图 3-71

5）颜色减淡模式

颜色减淡模式是通过降低对比度来使颜色变亮，以反映叠加色，如图 3-72 所示。

图 3-72

6）典型颜色减淡模式

典型颜色减淡模式是通过降低对比度来使颜色变亮，以反映叠加色，其效果优于颜色减淡模式，如图 3-73 所示。

图 3-73

7）亮色模式

亮色模式与变亮模式相似，略有区别的是该模式不对单独的颜色通道起作用。

■ 3.4.4　叠加模式

叠加模式包括叠加模式、柔光模式、强光模式、线性光模式、艳光模式、固定光模式和强烈混合模式 7 种模式。使用这种模式时，需要比较当前图层的颜色和底层的颜色亮度是否低于 50% 的灰度。

1）叠加模式

叠加模式可以提亮图像的颜色，并保留底层图像的高光和暗调，如图 3-74 所示。

2）柔光模式

柔光模式可以使颜色变亮或变暗，具体效果取决于叠加色，如图 3-75 所示。

图 3-74　　　　　　　　　　　　　　　　　　图 3-75

3）强光模式

当使用强光模式时，当前图层中比 50% 灰色亮的像素会使图像变亮；比 50% 灰色暗的像素会使图像变暗，如图 3-76 所示。

图 3-76

4）线性光模式

线性光模式可以通过降低或提高亮度来加深或减淡颜色，如图 3-77 所示。

图 3-77

5）艳光模式

艳光模式可以通过增大或减小对比度来加深或减淡颜色，具体效果也取决于叠加色，如图 3-78 所示。

图 3-78

6）固定光模式

固定光模式可以替换图像的颜色。如果当前图层中的像素比 50%

灰色亮，则替换暗的像素；如果当前图层的像素比 50% 灰色暗，则替换亮的像素，如图 3-79 所示。

图 3-79

7）强烈混合模式

当使用强烈混合模式时，通常会使图像产生色调分离的效果。如果当前图层中的像素比 50% 灰色亮，会使底层图像变亮；如果当前图层中的像素比 50% 灰色暗，则会使底层图像变暗。

■ 3.4.5　差值模式

差值模式包括差值模式、典型差值模式以及排除模式 3 种模式。这种类型的混合模式都是基于当前图层和底层的颜色值来产生差异效果的。

1）差值模式

差值模式可以从基色中减去叠加色或从叠加色中减去基色，具体情况要取决于哪个颜色的亮度值更高，如图 3-80 所示。

2）典型差值模式

典型差值模式可以从基色中减去叠加色或从叠加色中减去基色，效果要优于差值模式，如图 3-81 所示。

图 3-80　　　　　　　　　　　　　　图 3-81

3）排除模式

排除模式与差值模式相似，但是该模式可以创建出对比度更低的叠加效果。

■ 3.4.6　色彩模式

色彩模式包括色相位模式、饱和度模式、颜色模式以及亮度模式4种模式。这种类型的模式会改变底层颜色的一个或多个色相、饱和度和明亮度。

1）色相位模式

色相位模式可以将当前图层的色相应用到底层图像的亮度和饱和度中，可以改变底层图像的色相，但不会影响其亮度和饱和度，如图3-82所示。

图 3-82

2）饱和度模式

饱和度模式可以将当前图层的饱和度应用到底层图像的亮度和色相中，可以改变底层图像的饱和度，但不会影响其亮度和色相，如图3-83所示。

图 3-83

3）颜色模式

颜色模式可以将当前图层的色相与饱和度应用到底层图像中，但保持底层图像的亮度不变，如图 3-84 所示。

图 3-84

4）亮度模式

亮度模式可以将当前图层的亮度应用到底层图像中，可以改变底层图像的亮度，但不会对其色相和饱和度产生影响，如图 3-85 所示。

图 3-85

■ 3.4.7 蒙版模式

蒙版模式包括模板 Alpha 模式、模板亮度模式、轮廓 Alpha 模式以及轮廓亮度模式 4 种模式。这种类型的模式可以将当前图层转化为底层图像的一个遮罩。

1）模板 Alpha 模式

模板 Alpha 模式可以穿过蒙版层的 Alpha 通道来显示多个图层，如图 3-86 所示。

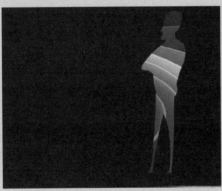

图 3-86

2）模板亮度模式

模板亮度模式可以穿过蒙版层的像素亮度来显示多个图层，如图 3-87 所示。

图 3-87

3）轮廓 Alpha 模式

轮廓 Alpha 模式可以通过当前图层的 Alpha 通道来影响底层图像，使受影响的区域被剪切，如图 3-88 所示。

4）轮廓亮度模式

轮廓亮度模式可以通过当前图层上的像素亮度来影响底层图像，使受影响的像素被部分剪切或全部剪切，如图 3-89 所示。

图 3-88　　　　　　　　　　　　　　　图 3-89

■ 3.4.8　共享模式

共享模式包括添加 Alpha 模式和冷光预乘模式 2 种模式。这种类型的模式可以使底层与当前图层的 Alpha 通道或透明区域产生相互作用。

1）添加 Alpha 模式

添加 Alpha 模式可以使当前图层的 Alpha 通道共同建立一个无痕迹的透明区域，如图 3-90 所示。

2）冷光预乘模式

冷光预乘模式可以使当前图层的透明区域像素与底层相互产生作用，可产生透镜和光亮的效果，如图 3-91 所示。

图 3-90　　　　　　　　　　　　　　　图 3-91

自己练 PRACTICE YOURSELF

■ 1. 利用文本图层制作文字动画效果

图 3-92

操作要点

01 掌握新建图层的几种不同方式；

02 设置字体颜色等相关属性；

03 设置关键帧动画。

■ 2. 对图层进行排序

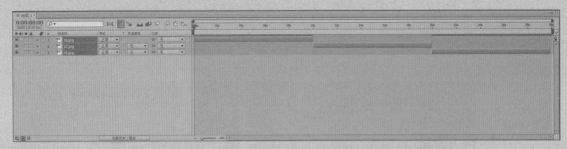

图 3-93

操作要点

01 掌握序列图层对多个素材的衔接排列使用；

02 执行"动画"|"关键帧辅助"|"序列图层"命令；

03 在打开的"序列图层"对话框中设置参数。

CHAPTER 04

创建风景文字——
文字特效

本章概述 SUMMARY

在视频动画中，文字动画不仅丰富了视频画面，也更明确地表达了视频的主题，由此可见文字在后期视频特效制作中的重要位置。本章将详细介绍After Effects CS6中文字特效的创建及使用。

■ 核心知识点

文字的创建与编辑	★☆☆
文字属性的设置	★★☆
创建文字动画	★★☆
预置文本动画特效	★★★

新建风景文字　　　　　　　　　　　　设置段落格式

跟我学 LEARN
WITH ME

■ 创建风景文字

案例描述：利用 After Efftecs CS6 可以制作多种多样的文字动画效果，
本案例将通过风景效果的制作，为读者详细讲解文字动画效果的创建
过程。

实现过程

1. 新建合成并导入素材

01 在"项目"面板上单击鼠标右键，在弹出的菜单栏中选择"新
建合成组"命令，如图 4-1 所示。

02 在打开的"图像合成设置"对话框中设置相应参数，如图 4-2
所示。

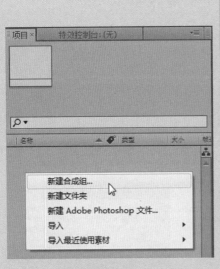

图 4-1

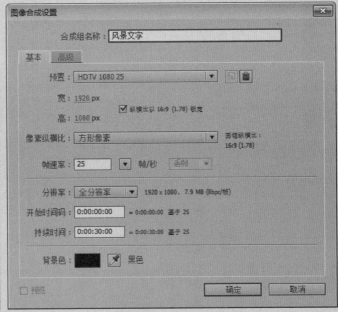

图 4-2

03 执行"文件" | "导入" | "文件"命令，或按 Ctrl+I 组合键，如图 4-3 所示。

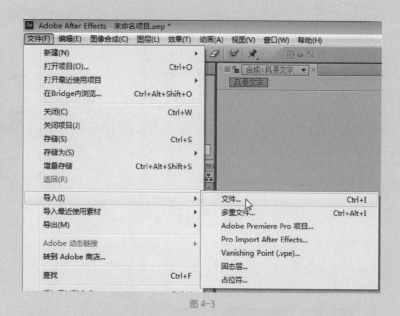

图 4-3

04 在打开的"导入文件"对话框中选择需要导入的文件，如图 4-4 所示。

图 4-4

05 单击"打开"按钮，将"项目"面板中的"6.jpg"素材拖至"时间轴"面板，如图 4-5 所示。

06 在"合成"窗口中预览效果，如图 4-6 所示。

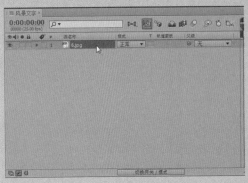

图 4-5

图 4-6

2. 设置文字效果

01 在工具栏中选择"横排文字工具"，如图 4-7 所示。

02 在"合成"窗口中输入文字"view"，如图 4-8 所示。

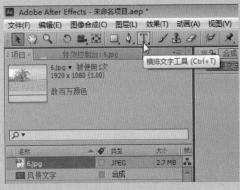

图 4-7

图 4-8

03 在"文字"面板中设置相关参数，字体为"Segoe UI"，样式为"Bold"，如图 4-9 所示。

04 在"合成"窗口中预览效果，如图 4-10 所示。

图 4-9

图 4-10

05 选中"6.jpg"文字层，设置"遮罩轨道"为"Alpha 蒙版'view'"，如图 4-11 所示。

06 在"合成"窗口中预览效果，如图 4-12 所示。

图 4-11

图 4-12

07 选择"view"和"6.jpg"图层并复制一份，如图 4-13 所示。

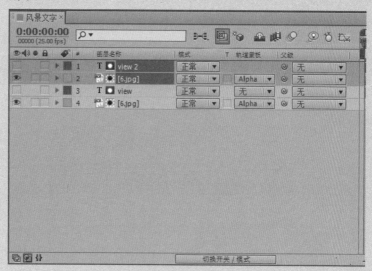

图 4-13

08 选择"6.jpg"层，单击鼠标右键，在弹出的菜单栏中选择"重命名"命令，如图 4-14 所示。

09 修改名称为"6(1).jpg"，如图 4-15 所示。

10 将"view2"和"6(1).jpg"图层拖至最下方，如图 4-16 所示。

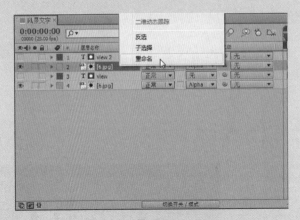

图 4-14

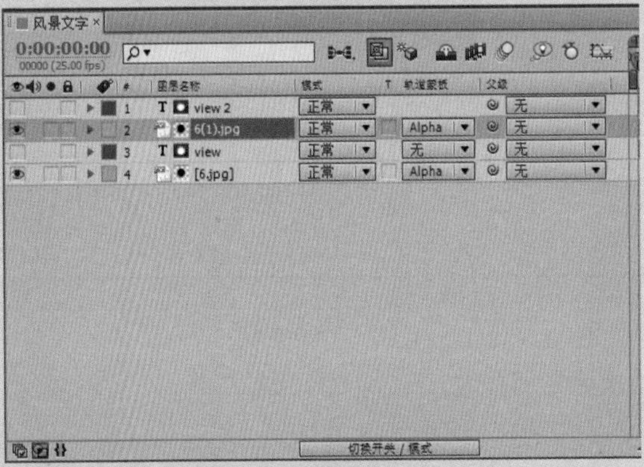

图 4-15

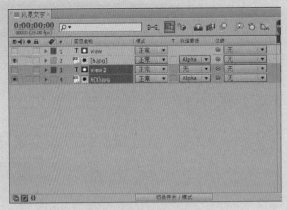

图 4-16

⑪ 在"合成"窗口中预览效果，如图 4-17 所示。

⑫ 打开"效果和预置"面板，单击"色彩校正"旁的下拉按钮，
选择"亮度与对比度"，如图 4-18 所示。

图 4-17　　　　　　　　　　　　　　　　　图 4-18

13 在"特效控制台"面板中设置"亮度"为"-70",如图4-19所示。

14 在"合成"窗口中预览效果,如图 4-20 所示。

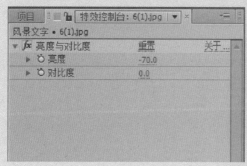

图 4-19　　　　　　　　　　　　　　　　　图 4-20

15 在"文字"面板中,设置"边宽"为"70px","描边类型"为"在填充上描边",如图 4-21 所示。

16 在"合成"窗口中预览效果,如图 4-22 所示。

图 4-21　　　　　　　　　　　　　　　　　图 4-22

17 选择"6(1).jpg"层,复制一份并拖至最下方,如图 4-23 所示。

18 在"合成"窗口中预览效果,如图 4-24 所示。

图 4-23

图 4-24

3. 保存项目文件

01 执行"文件"|"存储"命令,如图 4-25 所示。

02 在打开的"存储为"窗口中设置项目名称,如图 4-26 所示。

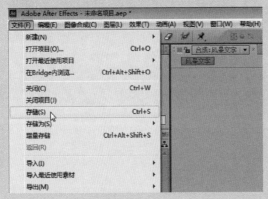

图 4-25

图 4-26

听我讲 LISTEN TO ME

4.1 文字的创建与编辑

利用文字层，可以在合成中添加文字，也可以对整个文字层施加动画。文字的创建和编辑主要是通过点文字和段落文字来实现的。

■ 4.1.1 文字层概述

文字层是合成层，即文字层不需要源素材；同时也是矢量层，当缩放层或重新定义文字尺寸时，其边缘会保持平衡。

可以从 Photoshop、Illustrator、Indesign 或任何文字编辑器中复制文字，然后粘贴到 After Effects 中。由于 After Effects 支持统一编码的字符，因此可以在其他支持统一编码字符的软件之间复制并粘贴这些字符。

■ 4.1.2 创建文字

创建文字通常有三种方式，分别是利用文本层创建、利用文本工具创建和利用文本框创建。

1）利用文本层创建

在"时间轴"面板的空白处单击鼠标右键，在弹出的菜单中执行"新建"|"文字"命令，如图 4-27 所示。创建完成后，在"合成"窗口单击鼠标左键，输入文字，如图 4-28 所示。

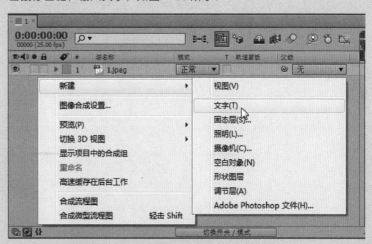

图 4-27

图 4-28

2）利用文本工具创建

在工具栏中选择"竖排文字工具"或使用 Ctrl+T 组合键，如图 4-29
所示。在"合成"窗口单击鼠标左键，输入文字，如图 4-30 所示。

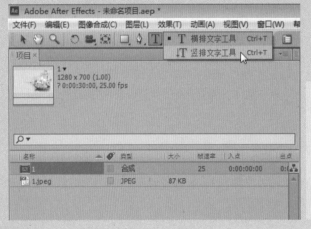

图 4-29

图 4-30

3）利用文本框创建

在工具栏中选择"横排文字工具"或"竖排文字工具"，如图 4-31
所示。在"合成"窗口中按住鼠标左键并拖动，绘制一个矩形文本框，
输入文字，按回车键完成，如图 4-32 所示。

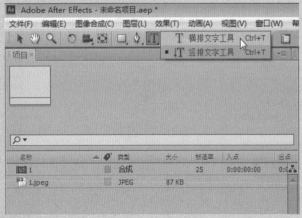

图 4-31

图 4-32

■ 4.1.3 编辑文字

在创建文本之后，还需要对文字进行编辑，包括设置字符格式和段落格式。

1）设置字符格式

执行"窗口"|"文字"命令，打开"文字"面板，如图4-33所示，对字体、颜色、边宽等属性值进行设置，效果如图4-34所示。

图 4-33   图 4-34

2）设置段落格式

执行"窗口"|"段落"命令，打开"段落"面板，对文字的对齐方式和段间距等参数进行设置，如图4-35所示，效果如图4-36所示。

图 4-35   图 4-36

4.2 文字属性的设置

AE中的文字是一个单独的图层，包括"变换"和"文本"属性。通过设置这些基本属性，不仅可以增强文本的实用性和美观性，还可以为文本创建最基础的动画效果。

■ 4.2.1 设置基本属性

在"时间线"面板中，展开文本图层中的"文字"选项组，可通过其"来源文字""路径选项"和"高级选项"等子属性更改文本的基本属性。

　　"来源文字"属性组是用来设置文字在不同时间段的显示效果。单击属性左侧的"时间秒表变化"图标创建关键帧，如图 4-37 所示；然后在下一个时间点创建第二个关键帧，更改"合成"窗口中的文字选项，即可实现文字切换效果，如图 4-38 所示。

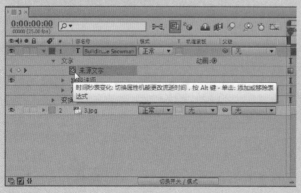

图 4-37

图 4-38

　　"高级选项"属性组中的子选项与"文字"面板中的选项具有相同的功能，并且有些选项还能控制"文字"面板中的选项设置。设置"填充与描边"属性为"在所有填充之上描边"，如图 4-39 所示；"合成"窗口中的文字描边效果发生变化，且"文字"面板中的"边宽"列表同样发生选项变化，如图 4-40 所示。

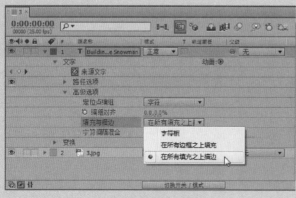

图 4-39

图 4-40

■ 4.2.2　设置路径属性

　　文本图层中的"路径选项"属性组，是沿路径对文本进行动画制作的一种简单方式。不仅可以指定文本的路径，还可以改变各个字符在路径上的显示方式。

　　展开"路径选项"，设置"路径"为"遮罩 1"，"反转路径"为"打开"，如图 4-41 所示，效果如图 4-42 所示。

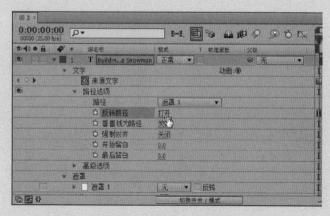

图 4-41

图 4-42

4.3　文字动画控制器

　　用户可以通过内置的文本动画控制器，为整个文本图层制作动画效果。如制作滚动字幕等。

■ 4.3.1　特效类控制器

　　应用特效类控制器可以对文本层进行动画编辑，当新建文字动画时，将在文本层建立一个动画控制器，可通过左右拖曳的方式调整选项参数，制作各种各样的动画效果。

■ 4.3.2　变换类控制器

　　该类控制器可以控制文本动画的变形，例如倾斜、位移等。执行"动画"|"倾斜"命令，如图 4-43 所示，在添加的控制器中设置相关参数，如图 4-44 所示。

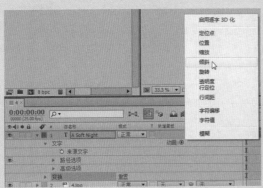

图 4-43

图 4-44

4.3.3 范围选择器

当添加一个特效类控制器时，均会在"动画"属性组添加一个"范围控制器"选项，该选项在特效基础上，可以制作出各种各样的动画效果。

执行"动画"|"缩放"命令，即可添加一个"范围选择器 1"，如图 4-45 所示；展开"范围选择器 1"，在 0:00:00:00 处给"开始"和"缩放"添加第一个关键帧，如图 4-46 所示。

图 4-45

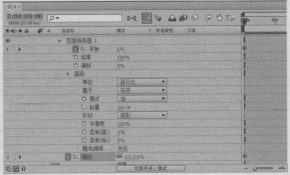

图 4-46

在 0:00:06:00 处给"开始"和"缩放"添加第二个关键帧，如图 4-47 所示；在"合成"窗口中预览效果，如图 4-48 所示。

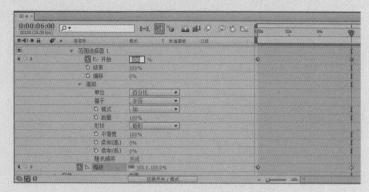

图 4-47

图 4-48

■ 4.3.4 波动选择器

"波动选择器"可以控制文本的抖动，配合关键帧动画制作出更加复杂的动画效果。单击"添加"按钮，执行"选择"｜"摇摆"命令，如图 4-49 所示，展开"波动选择器 1"属性组，如图 4-50 所示。

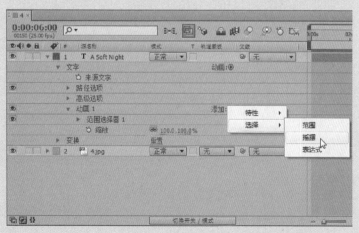

图 4-49

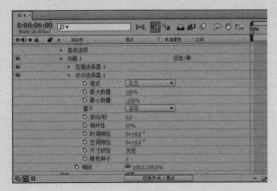

图 4-50

4.4　认识表达式

表达式是由传统的 Java Script 语言编写而成的，来实现界面中不能执行的命令，或是将大量重复的操作简单化。使用表达式可以制作出层与层，或者属性与属性之间的关联。

■ 4.4.1　表达式语法

在 AE 中，表达式具有类似于其他程序设计的语法，只有遵循这些语法，才可以创建正确的表达式。

一般的表达式形式如：thisComp.layer("Story medal").transform.scale=transform.scale+time*10

全局属性"thisComp"用来说明表达式所应用的最高层级，可理解为合成。

层级标识符号"."为属性连接符号，该符号前面为上位层级，后面为下位层级。

layer("")定义层的名称，必须在括号内加引号。

解读上述表达式的含义：这个合成的 Story medal 层中变换选项下的缩放数值，随着时间的增长呈 10 倍缩放。

此外，还可以为表达式添加注释。在注释句前加"//"符号，表示在同一行中任何处于"//"后的语句都被认为是表达式注释语句。

在 After Efftecs CS6 中经常用到数组这个数据类型，而数组经常使用常量和变量中的一部分。

数组常量：不同于 Java Script 语言，After Efftecs CS6 中表达式的数值是由 0 开始的。

数组变量：用一些自定义的元素来代替具体的值。

将数组指针赋予变量：主要是为属性和方法赋予值或返回值。

数组维度：属性的参数量为维度。

■ 4.4.2 创建表达式

在 AE 中，最简单也是最直接的表达式创建方法，就是直接在图层的属性选项中创建。

按住 Alt 键单击 "旋转" 属性左侧的 "时间秒表变化" 图标，即可为该属性添加表达式，如图 4-51 所示；输入 "transform. rotation=transform.rotation+time*20"，在 "合成" 窗口中预览效果，如图 4-52 所示。

图 4-51

图 4-52

或执行 "效果" | "表达式控制" | "点控制" 命令，如图 4-53 所示，给图层添加表达式，如图 4-54 所示。

图 4-53

图 4-54

自己练 PRACTICE YOURSELF

■ 1. 制作文字扫光

图 4-55

操作要点

01 掌握新建字幕的几种不同方式；

02 在"效果和预置"面板中选择"斜面 Alpha"效果和"镜头光晕"效果，调整相应参数；

03 设置关键帧参数。

■ 2. 制作字幕移出

图 4-56

操作要点

01 掌握新建字幕的几种不同方式；

02 字幕样式的选择以及字幕颜色的搭配要与背景风格相一致；

03 为字幕"位置"属性添加关键帧，实现动画效果。

CHAPTER 05

制作玻璃写字效果——
色彩校正与调色

本章概述 SUMMARY

After Efftecs CS6为用户提供了大量的特效功能，可对平时的素材进行修正并渲染绚丽的动画效果。色彩校正与调色是在**AE**编辑素材画面时最常用的方法，色彩校正在图像的修饰中是非常重要的一项内容。本章将详细介绍色彩校正的方法，以及调色滤镜的操作技巧。

■ 核心知识点

色彩基础知识	★☆☆
色彩校正特效	★★☆
图像控制特效	★★☆
调色滤镜及其应用	★★★

制作玻璃写字效果　　　　　　　　　　　　通道混合

跟我学 LEARN
WITH ME

■ 制作玻璃写字效果

案例描述：在影视节目制作过程中，经常会利用 After Efftecs CS6 进行
色彩校正，以满足不同的视觉效果。本案例通过制作玻璃写字效果，
让读者更好地了解色彩校正的应用。

实现过程

1. 新建合成并导入素材

01 在"项目"面板上单击鼠标右键，在弹出的菜单栏中选择"新
建合成组"命令，或者单击"项目"面板底部的"新建合成"按钮，
如图 5-1 所示。

02 在打开的"图像合成设置"对话框中设置相应选项，如图 5-2
所示。

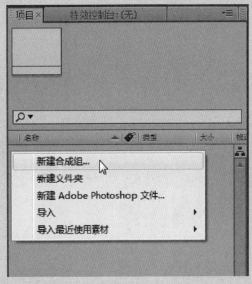

图 5-1

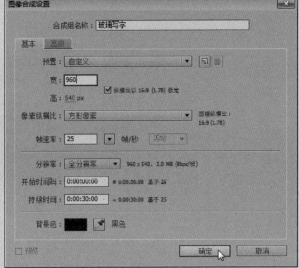

图 5-2

03 执行"文件"|"导入"|"文件"命令，或按 Ctrl+I 组合键，
如图 5-3 所示。

04 在打开的"导入文件"对话框中选择需要导入的文件，如
图 5-4 所示。

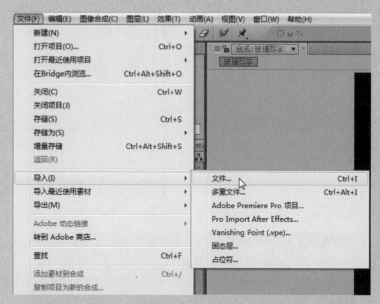

图 5-3

图 5-4

05 单击"打开"按钮,将"项目"面板中的"19.jpg"素材拖至"时间轴"面板,设置相关参数,如图 5-5 所示。

06 在"合成"窗口中预览效果,如图 5-6 所示。

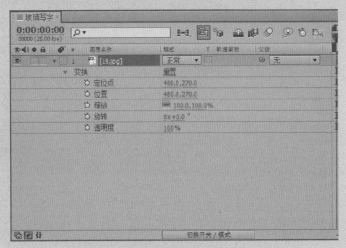

图 5-5

图 5-6

2. 设置水滴动画效果

01 选择"19.jpg"图层,在"效果和预置"面板中展开"模糊
与锐化",选择"快速模糊",如图 5-7 所示。

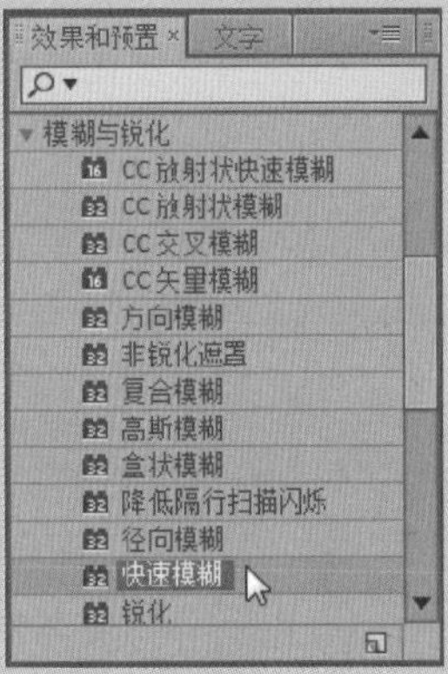

图 5-7

02 在"特效控制台"面板中设置相关参数，如图 5-8 所示。

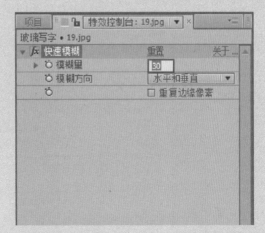

图 5-8

03 在"合成"窗口中预览效果，如图 5-9 所示。

图 5-9

04 选择"19.jpg"图层，并复制一个新的图层，如图 5-10 所示。

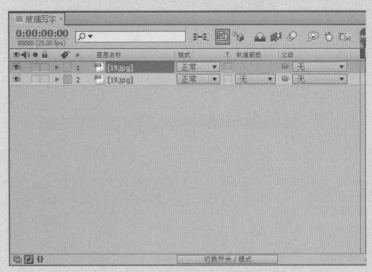

图 5-10

05 选择新复制的图层，单击鼠标右键，在弹出的菜单栏中选择"重命名"，如图 5-11 所示。

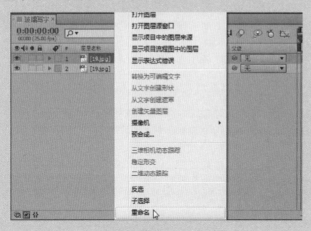

图 5-11

06 新建一个"水滴"图层，如图 5-12 所示。

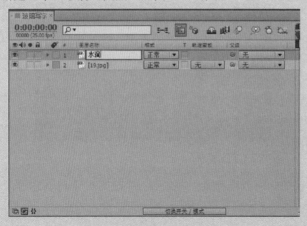

图 5-12

07 取消"水滴"图层的"快速模糊"效果，如图 5-13 所示。

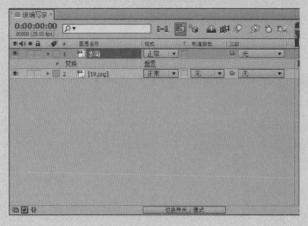

图 5-13

08 在"合成"窗口中预览效果，如图 5-14 所示。

图 5-14

09 选择"19.jpg"图层，在"效果和预置"面板中展开"模拟仿真"，选择"CC 水银滴落"，如图 5-15 所示。

10 在"特效控制台"面板中设置相关参数，如图 5-16 所示。

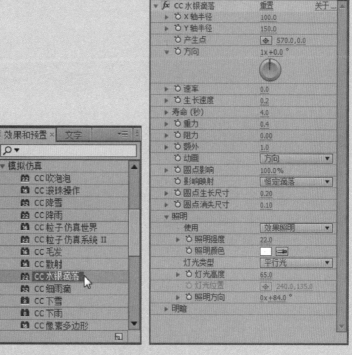

图 5-15   图 5-16

11 在"合成"窗口中预览效果，如图 5-17 所示。

12 展开"水滴"图层下的"变换"属性，将时间指示器拖至开始处，添加第一个关键帧，并设置"透明度"为 100%，如图 5-18 所示。

图 5-17

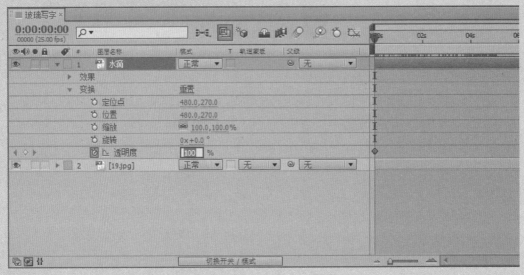

图 5-18

13 将时间指示器拖至 0:00:04:00 处，添加第二个关键帧，设置"透明度"为 0，如图 5-19 所示。

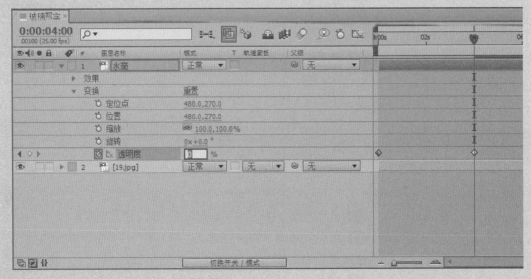

图 5-19

14 在"合成"窗口预览效果，如图 5-20 所示。

图 5-20

3. 设置水蒸气文字效果

01 选择"19.jpg"图层，并复制一个新的图层，如图 5-21 所示。

图 5-21

02 选择新的图层，点击鼠标右键，在弹出的菜单栏中选择"重命名"命令，如图 5-22 所示。

图 5-22

03 新建一个"19(1).jpg"图层，如图 5-23 所示。

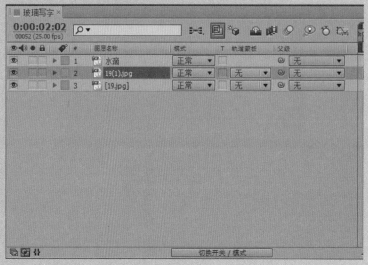

图 5-23

04 将"19(1).jpg"图层拖至最上方，如图 5-24 所示。

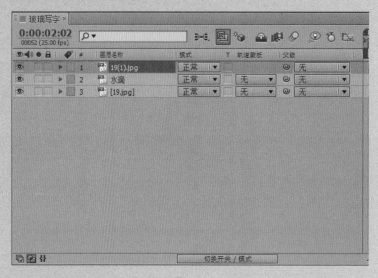

图 5-24

05 选择"19(1).jpg"图层，在"效果和预置"面板中展开"色彩校正"，选择"亮度与对比度"，如图 5-25 所示。

06 在"特效控制台"面板中设置相关参数，如图 5-26 所示。

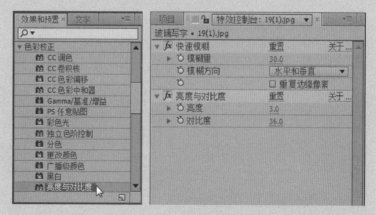

图 5-25   图 5-26

07 在"合成"窗口中预览效果，如图 5-27 所示。

08 在工具栏中选择"横排文字工具"，如图 5-28 所示。

图 5-27

图 5-28

09 在"合成"面板中输入文字"Quiet city"，如图 5-29 所示。

10 在"文字"面板中设置相关参数，如图 5-30 所示。

11 在"合成"窗口中预览效果，如图 5-31 所示。

图 5-29　　　　　　　　　　图 5-30　　　　　　　　　　图 5-31

12 选择"19(1).jpg"图层，设置"轨道蒙版"为"亮度蒙版 'Quiet city'"，如图 5-32 所示。

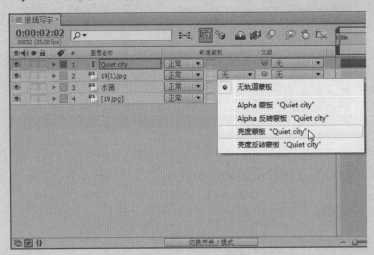

图 5-32

13 在"合成"窗口中预览效果，如图 5-33 所示。

14 展开"Quiet city"图层下的"变换"属性，将时间指示器拖至 0:00:04:00 处，添加第一个关键帧，并设置"透明度"为 0，如图 5-34 所示。

图 5-33

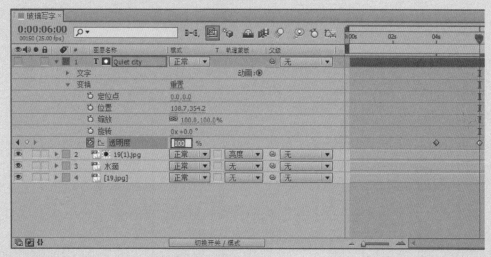

图 5-34

15 将时间指示器拖至 0:00:06:00 处，添加第二个关键帧，并设置"透明度"为 100%，如图 5-35 所示。

图 5-35

16 在"合成"窗口中预览效果，如图 5-36 所示。

图 5-36

4. 保存项目文件

01 执行"文件"|"存储"命令，如图 5-37 所示。

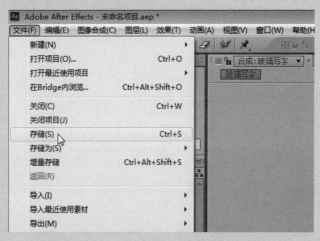

图 5-37

02 在打开的"存储为"窗口中设置项目名称，如图 5-38 所示。

图 5-38

5.1 色彩基础知识

色彩校正主要是用于处理画面的色彩，在学习色彩校正前，本节将先介绍色彩的相关基础知识。

5.1.1 色彩模式

色彩模式是数字世界中表示色彩的一种算法。为表示各种色彩，通常将色彩划分为若干分量。

1. RGB 模式

RGB 模式是一种最基本，也是使用最广泛的色彩模式。它源于有色光的三原色原理，其中，R（Red）代表红色，G（Green）代表绿色，B（Blue）代表蓝色。

每种色彩都有 256 种不同的亮度值，因此 RGB 模式理论上约有 1 670 多万种色彩，如图 5-39 所示。这种色彩模式是屏幕显示的最佳模式，如显示器、电视机、投影仪等都采用这种色彩模式。

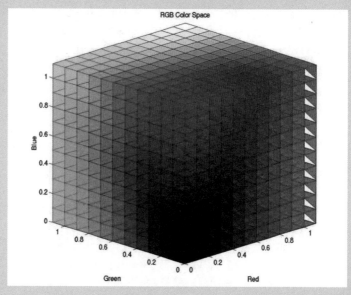

图 5-39

2. CMYK 模式

CMYK 是一种减色模式。人的眼睛就是根据减色模式来识别色彩的。CMYK 模式主要用于印刷领域。纸上的色彩是通过油墨产生的，不同的油墨混合可以产生不同的色彩效果，但是油墨本身并不会发光，它通过吸收（减去）一些色光，把其他光反射到观察者的眼睛里产生色彩效果。在 CMYK 模式中，C（Cyan）代表青色，M（Magenta）代表品红色，Y（Yellow）代表黄色，K（Black）代表黑色。C、M、Y 分别是红、绿、蓝的互补色。由于这 3 种色彩混合在一起只能得到暗棕色，而得不到真正的黑色，所以另外引入了黑色。由于 Black 中的 B 也可以代表 Blue（蓝色），所以为了避免歧义，黑色用 K 代表。在印刷过程中，使用这 4 种色彩的印刷板来产生各种不同的色彩效果。

3. HSB 模式

HSB 模式是基于人类对色彩的感觉而开发的模式，也是最接近人眼观察色彩的一种模式。H 代表色相，S 代表饱和度，B 代表亮度。

色相是人眼能看见的纯色，即看见光谱的单色。在 0~360 度的标准色轮上，色相是按位置度量的。如红色在 0 度，绿色在 120 度，蓝色在 240 度等。

饱和度即色彩的纯度或强度。饱和度表示色相中灰度成分所占的比例，用 0%（灰）~100%（完全饱和）来度量。

亮度是色彩的亮度，通常用 0%（黑）~100%（白）的百分比来度量。

4. YUV（Lab）模式

YUV 模式在于它的亮度信号 Y 和色度信号 UV 是分离的，彩色电视采用 YUV 空间正是为了用亮度信号 Y 解决彩色电视机和黑白电视机的兼容问题。如果只有 Y 分量而没有 UV 分量，图像就会呈黑白灰度图。

Lab 模式与设备无关，它有 3 个色彩通道，一个用于亮度，另外两个用于色彩范围，简单地用字母 ab 表示。Lab 模型和 RGB 模式一样，这些色彩混合在一起会产生更鲜亮的色彩。

5. 灰度模式

在灰度模式的图像中只存在灰度，而没有色度、饱和度等彩色信息。灰度模式共有 256 个灰度级。灰度模式的应用十分广泛。在成本相对低廉的黑白印刷中，许多图像都采用了灰度模式。

通常可以把图像从任何一种彩色模式转换为灰度模式，也可以把灰度模式转换为任何一种彩色模式。当然，如果把一种彩色模式的图像转换为灰度模式后，再转换成原来的彩色模式时，图像质量会受到很大损坏。

■ 5.1.2　位深度

"位"（bit）是计算机存储器里的最小单元，它用来记录每一个像素色彩的值。图像的色彩越丰富，"位"就越多。每一个像素在计算机中所使用的这种位数就是"位深度"。

5.2 主要调色滤镜

在 After Efftecs CS6 中色彩校正有 4 个主要调色滤镜：亮度与对比度滤镜、色相位 / 饱和度滤镜、色阶滤镜和曲线滤镜。

5.2.1 "亮度与对比度"滤镜

"亮度与对比度"滤镜主要用于调整画面的亮度和对比度，可同时调整所有像素的亮部、暗部和中间色。

选择图层，在"效果和预置"面板中展开"色彩校正"，选择"亮度与对比度"，如图 5-40 所示，在"特效控制台"面板中设置相关参数，如图 5-41 所示。

 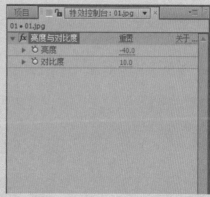

图 5-40　　　　　　　　　　　　　　　　图 5-41

效果对比如图 5-42、图 5-43 所示。

图 5-42　　　　　　　　　　　　　　　　图 5-43

5.2.2 "色相位 / 饱和度"滤镜

"色相位 / 饱和度"滤镜可以通过调整某个通道色彩的色相、饱和度及亮度，对图像的某个色域进行局部调节。

选择图层，在"效果和预置"面板中展开"色彩校正"，选择"色相位/饱和度"，如图5-44所示，在"特效控制台"面板中设置相关参数，如图5-45所示。

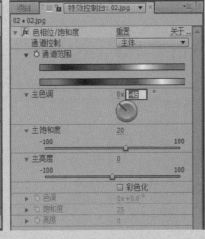

图 5-44   图 5-45

效果对比如图5-46、图5-47所示。

图 5-46   图 5-47

5.2.3 "色阶"滤镜

"色阶"滤镜主要是通过重新分布输入色彩的级别来获取一个新的色彩输出范围，以达到修改图像亮度和对比度的目的。使用色阶可以扩大图像的动态范围、查看和修正曝光，以及提高对比度等。

选择图层，在"效果和预置"面板中展开"色彩校正"，选择"色阶"命令，如图5-48所示，在"特效控制台"面板中设置相关参数，如图5-49所示。

效果对比如图5-50、图5-51所示。

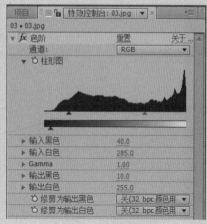

图 5-48　　　　　　　　　　　图 5-49

图 5-50

图 5-51

■ 5.2.4 "曲线"滤镜

"曲线"滤镜可以对图像各个通道的色调范围进行控制。通过调整曲线的弯曲度或复杂度，来调整图像的亮区和暗区的分布情况。

选择图层，在"效果和预置"面板中展开"色彩校正"，选择"曲线"命令，如图 5-52 所示，在"特效控制台"面板中设置相关参数，如图 5-53 所示。

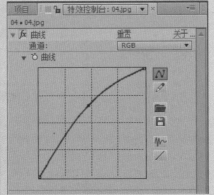

图 5-52 图 5-53

效果对比如图 5-54、图 5-55 所示。

图 5-54 图 5-55

5.3 常用调色滤镜

在影视制作中，经常需要对图像颜色进行调整，色彩的调整主要是通过调色滤镜进行的。

5.3.1 "浅色调"效果

"浅色调"效果是用于调整图像中包含的色彩信息，在最亮和最暗间确定融合度。

选择图层，在"效果和预置"面板中展开"色彩校正"，选择"浅色调"，如图 5-56 所示，在"特效控制台"面板中设置相关参数，如图 5-57 所示。

图 5-56   图 5-57

效果对比如图 5-58、图 5-59 所示。

图 5-58

图 5-59

■ 5.3.2 "三色调"效果

"三色调"效果可以将画面中的阴影、中间调和高光进行色彩映射，从而更换画面色调。

选择图层，在"效果和预置"面板中展开"色彩校正"，选择"三色调"，如图 5-60 所示，在"特效控制台"面板中设置相关参数，如图 5-61 所示。

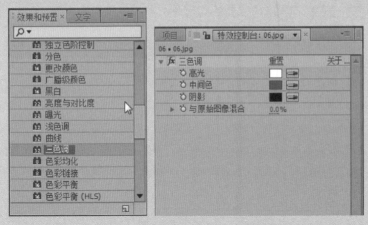

图 5-60   图 5-61

效果对比如图 5-62、图 5-63 所示。

图 5-62   图 5-63

■ 5.3.3 "照片滤镜"效果

"照片滤镜"效果就像为素材添加一个滤色镜，以便和其他色彩统一。

选择图层，在"效果和预置"面板中展开"色彩校正"，选择"照片滤镜"，如图 5-64 所示，在"特效控制台"面板中设置相关参数，如图 5-65 所示。

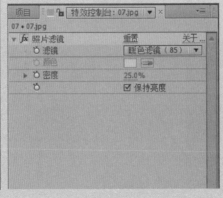

图 5-64   图 5-65

效果对比如图 5-66、图 5-67 所示。

图 5-66

图 5-67

■ 5.3.4 "色彩平衡"效果

"色彩平衡"效果可以对图像的暗部、中间调和高光部分的红、绿、蓝通道分别进行调整。

选择图层，在"效果和预置"面板中展开"色彩校正"，选择"色彩平衡"，如图 5-68 所示，在"特效控制台"面板中设置相关参数，如图 5-69 所示。

图 5-68   图 5-69

效果对比如图 5-70、图 5-71 所示。

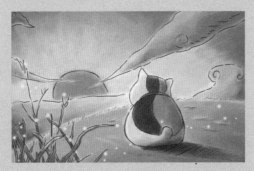

图 5-70

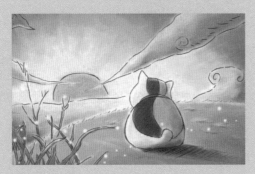

图 5-71

■ 5.3.5 "色彩平衡 (HLS)"效果

"色彩平衡 (HLS)"效果是通过调整色相、饱和度和亮度参数来控制图像的色彩平衡。

选择图层，在"效果和预置"面板中展开"色彩校正"，选择"色彩平衡 (HLS)"，如图 5-72 所示，在"特效控制台"面板中设置相关参数，如图 5-73 所示。

图 5-72

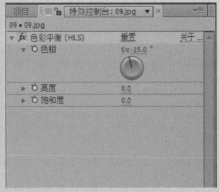

图 5-73

效果对比如图 5-74、图 5-75 所示。

图 5-74   图 5-75

5.3.6 "曝光"效果

"曝光"效果主要是用来调节画面的曝光程度，可以对 RGB 通道分别进行曝光。

选择图层，在"效果和预置"面板中展开"色彩校正"，选择"曝光"，如图 5-76 所示，在"特效控制台"面板中设置相关参数，如图 5-77 所示。

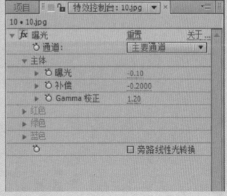

图 5-76   图 5-77

效果对比如图 5-78、图 5-79 所示。

图 5-78   图 5-79

■ 5.3.7 "通道混合"效果

"通道混合"效果可以使当前层的亮度为蒙版,从而调整另一个通道的亮度,并作用于当前层的各个色彩通道。

选择图层,在"效果和预置"面板中展开"色彩校正",选择"通道混合",如图 5-80 所示,在"特效控制台"面板中设置相关参数,如图 5-81 所示。

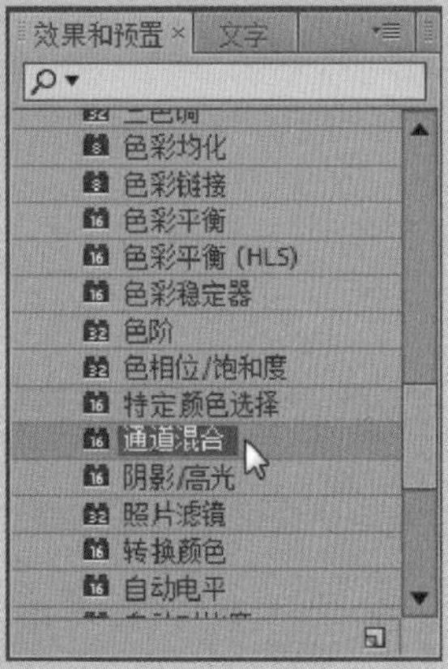

图 5-80

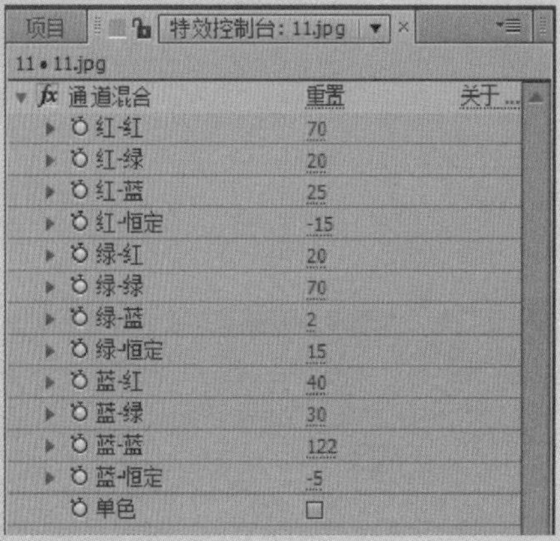

图 5-81

效果对比如图 5-82、图 5-83 所示。

图 5-82

图 5-83

■ 5.3.8 "阴影 / 高光"效果

"阴影 / 高光"效果可以单独处理图像的阴影和高光区域,是一种高级调色特效。

选择图层,在"效果和预置"面板中展开"色彩校正",选择"阴影 / 高光",如图 5-84 所示,在"特效控制台"面板中设置相关参数,如图 5-85 所示。

制作玻璃写字效果——色彩校正与调色

图 5-84

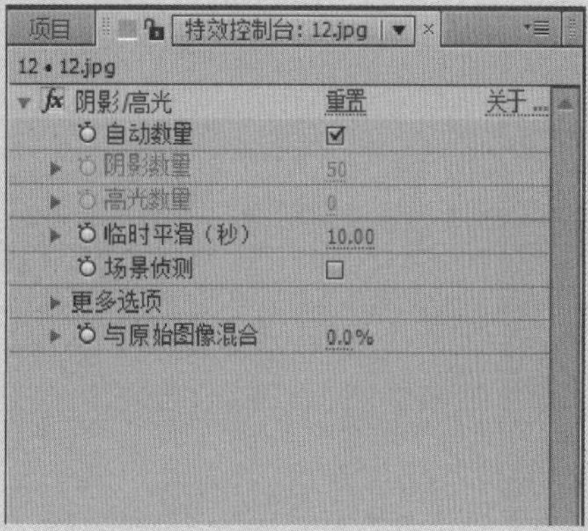

图 5-85

效果对比如图 5-86、图 5-87 所示。

图 5-86

图 5-87

■ 5.3.9 "广播级颜色"效果

"广播级颜色"效果用来校正广播级视频的色彩和亮度。

选择图层，在"效果和预置"面板中展开"色彩校正"，选择"广播级颜色"，如图 5-88 所示，在"特效控制台"面板中设置相关参数，如图 5-89 所示。

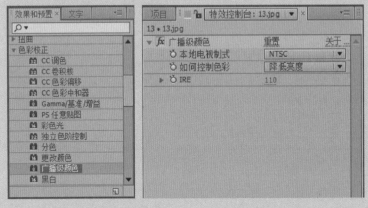

图 5-88   图 5-89

效果对比如图 5-90、图 5-91 所示。

图 5-90   图 5-91

5.4 其他常用效果

本节主要讲解色彩校正调色的一些其他效果以及应用。

■ 5.4.1 "分色"效果

"分色"效果可以去除素材图像中指定色彩外的其他色彩。

选择图层，在"效果和预置"面板中展开"色彩校正"，选择"分色"，如图 5-92 所示，在"特效控制台"面板中设置相关参数，如图 5-93 所示。

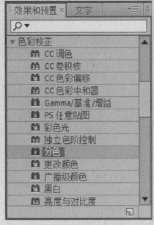

图 5-92 　　　　　　　　　　　　图 5-93

效果对比如图 5-94、图 5-95 所示。

图 5-94

图 5-95

■ 5.4.2　"Gamma/ 基准 / 增益"效果

　　"Gamma/ 基准 / 增益"效果可以调整每个 RGB 独立通道的还原曲线值。

　　选择图层，在"效果和预置"面板中展开"色彩校正"，选择"Gamma/ 基准 / 增益"，如图 5-96 所示，在"特效控制台"面板中设置相关参数，如图 5-97 所示。

图 5-96   图 5-97

效果对比如图 5-98、图 5-99 所示。

图 5-98   图 5-99

5.4.3 "色彩均化"效果

"色彩均化"效果可以使图像变化平均化，自动以白色取代图像中最亮的像素，以黑色取代图像中最暗的像素。

选择图层，在"效果和预置"面板依次展开"色彩校正"，选择"色彩均化"，如图 5-100 所示，在"特效控制台"面板中设置相关参数，如图 5-101 所示。

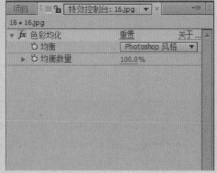

图 5-100   图 5-101

效果对比如图 5-102、图 5-103 所示。

图 5-102

图 5-103

■ 5.4.4 "色彩链接"效果

"色彩链接"效果可以根据周围的环境改变素材的色彩，统一两个层的素材。

选择图层，在"效果和预置"面板中展开"色彩校正"，选择"色彩链接"，如图 5-104 所示，在"特效控制台"面板中设置相关参数，如图 5-105 所示。

图 5-104   图 5-105

效果对比如图 5-106、图 5-107 所示。

图 5-106

图 5-107

■ 5.4.5 "更改颜色"效果

"更改颜色"效果可以替换图像中的某种色彩，并调整该色彩的饱和度和亮度。

选择图层，在"效果和预置"面板中展开"色彩校正"，选择"更改颜色"，如图 5-108 所示，在"特效控制台"面板中设置相关参数，如图 5-109 所示。

图 5-108

图 5-109

效果对比如图 5-110、图 5-111 所示。

图 5-110

图 5-111

自己练 PRACTICE YOURSELF

■ 1. 制作"照片滤镜"效果

图 5-112

操作要点

01 掌握色彩校正的不同效果；

02 在展开的"色彩校正"栏中选择"照片滤镜"效果；

03 在"特效控制台"面板中设置"照片滤镜"效果，调整相应参数。

■ 2. 添加"CC 调色"效果

图 5-113

操作要点

01 掌握色彩校正的不同效果；

02 在展开的"色彩校正"栏中选择"CC 调色"效果；

03 在"特效控制台"面板中设置"CC 调色"效果，调整相应参数。

CHAPTER 06

制作精美电影宣传效果——
遮罩特效

本章概述 SUMMARY

遮罩是后期合成中必不可少的部分，在默认情况下，图像只有在遮罩内才能被显示出来，遮罩常被用来使目标物体与背景分离，也就是通常所说的抠像。本章将详细讲解遮罩的属性及创建知识技巧。

■ 核心知识点

遮罩的概念及属性　　★☆☆
遮罩的创建与设置　　★★☆
遮罩特效的应用　　　★★★

设置模糊长度　　　　　　　制作精美电影宣传效果

跟我学 | LEARN WITH ME

■ 制作精美电影海报效果

案例描述：在影视制作过程中，会利用 After Efftecs CS6 制作复杂的合
成素材。本案例将为读者介绍利用遮罩制作精美的海报合成效果。

实现过程

1. 新建合成并导入素材

01 在"项目"面板上单击鼠标右键，在弹出的菜单栏中选择"新
建合成组"命令，如图 6-1 所示。

02 在打开的"图像合成设置"对话框中设置相应选项，如图 6-2
所示。

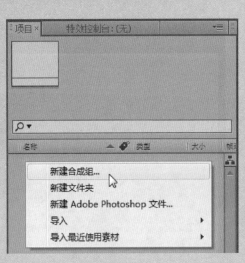

图 6-1

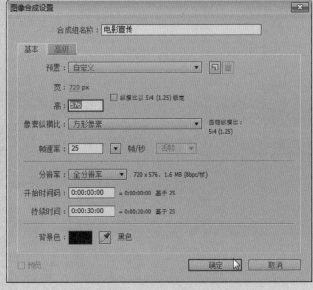

图 6-2

03 执行"文件"|"导入"|"文件"命令，或按 Ctrl+I 组合键，
如图 6-3 所示。

04 在打开的"导入文件"对话框中选择需要导入的文件，如
图 6-4 所示。

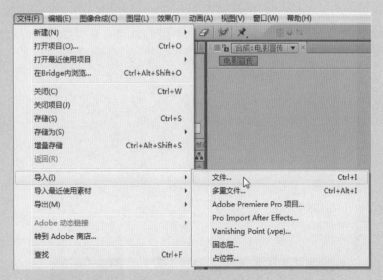

图 6-3

图 6-4

2. 设置图层属性

01 单击"打开"按钮，将"项目"面板中的06.jpg 素材拖至"时间轴"面板上，如图 6-5 所示。

02 在"合成"窗口中预览效果，如图 6-6 所示。

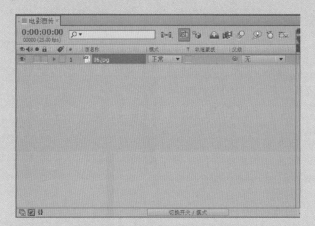

图 6-5

图 6-6

03 展开"变换"属性栏，设置相关参数，如图 6-7 所示。

04 在"合成"窗口中预览效果，如图 6-8 所示。

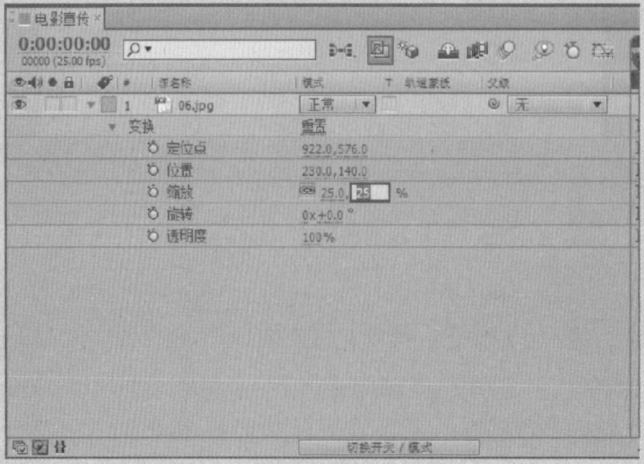

图 6-7

图 6-8

3. 添加遮罩效果

01 选择 01.jpg 层，在"工具栏"中选择"矩形遮罩工具"，如图 6-9 所示。

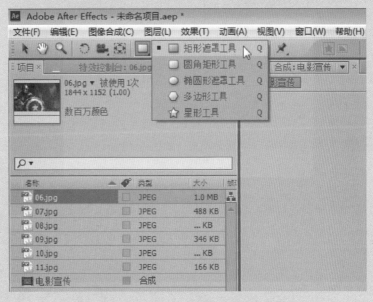

图 6-9

02 在"合成"面板上绘制一个矩形遮罩，如图 6-10 所示。

图 6-10

03 在"效果和预置"面板中展开"模糊与锐化"属性栏,选择"方向模糊"效果,如图 6-11 所示。

04 将"方向模糊"效果添加到 06.jpg 层上,如图 6-12 所示。

图 6-11

图 6-12

05 将时间指示器拖至开始处,添加第一个关键帧,设置"模糊长度"为 250,"透明度"为 0,如图 6-13 所示。

06 在"合成"窗口中预览效果,如图 6-14 所示。

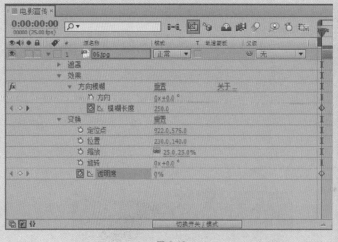

图 6-13

图 6-14

07 将时间指示器拖至 0:00:00:02 处,添加第二个关键帧,设置"透明度"为 100%,如图 6-15 所示。将时间指示器拖至 0:00:01:00 处,添加第三个关键帧,设置"模糊长度"为 0。

08 在"合成"窗口中预览效果,如图 6-16 所示。

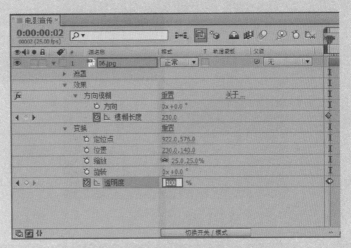

图 6-15

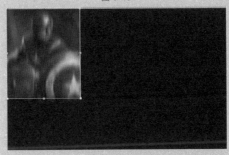

图 6-16

4. 添加其余遮罩效果

01 用同样的方法将素材 07.jpg 拖至"时间轴"面板最上层，设置相关参数，如图 6-17 所示。

02 在"合成"窗口中预览效果，如图 6-18 所示。

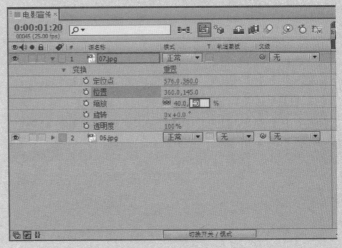

图 6-17

图 6-18

03 用同样的方法在"合成"面板中绘制一个矩形遮罩，如图6-19所示。

图 6-19

04 为07.jpg层设置"方向模糊"效果，如图6-20所示。

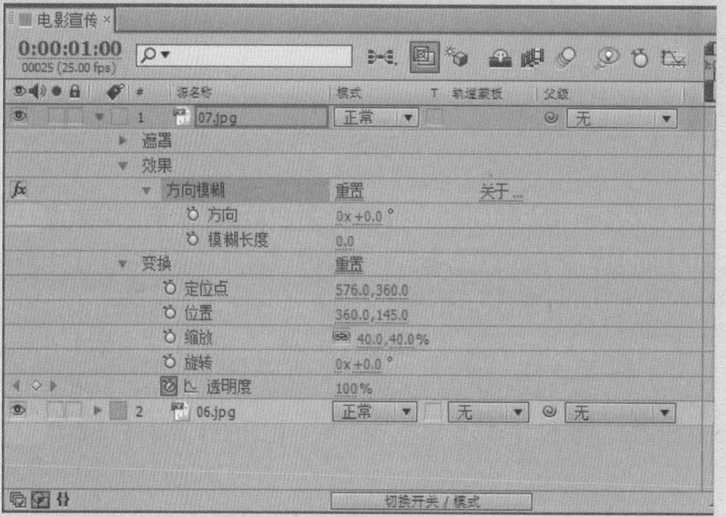

图 6-20

05 将时间指示器拖至 0:00:01:00 处，添加第一个关键帧，设置"模糊长度"为250，"透明度"为 0；将时间指示器拖至 0:00:01:02 处，添加第二个关键帧，设置"透明度"为 100%，如图 6-21 所示；将时间指示器拖至 0:00:02:00 处，添加第三个关键帧，设置"模糊长度"为 0。

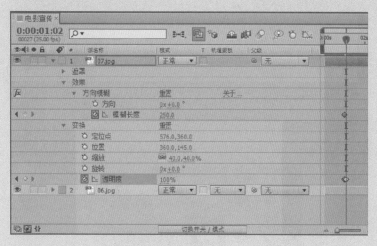

图 6-21

06 在"合成"窗口中预览效果，如图 6-22 所示。

图 6-22

07 用同样的方法将素材 08.jpg 拖至"时间轴"面板最上层，设置相关参数，如图 6-23 所示。

08 在"合成"窗口中预览效果，如图 6-24 所示。

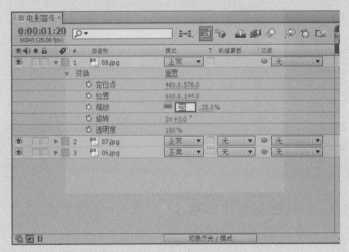

图 6-23

图 6-24

09 用同样的方法在"合成"面板中绘制一个矩形遮罩，如图6-25所示。

图 6-25

10 为08.jpg层设置"方向模糊"效果，如图6-26所示。

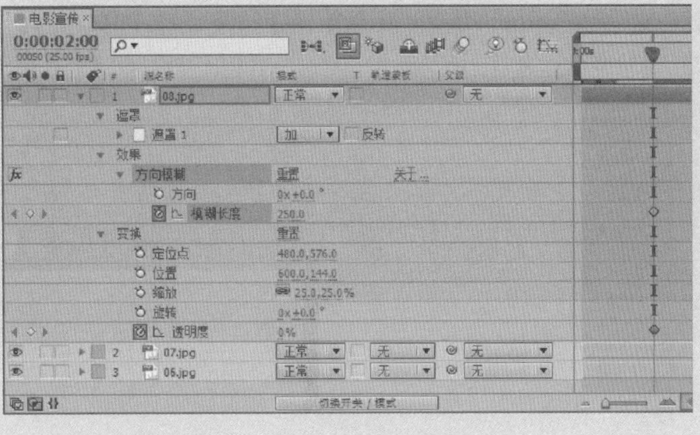

图 6-26

11 将时间指示器拖至 0:00:02:00 处，添加第一个关键帧，设置"模糊长度"为 250，"透明度"为 0；将时间指示器拖至 0:00:02:02 处，添加第二个关键帧，设置"透明度"为 100%；将时间指示器拖至 0:00:03:00 处，添加第三个关键帧，设置"模糊长度"为 0，如图 6-27 所示。

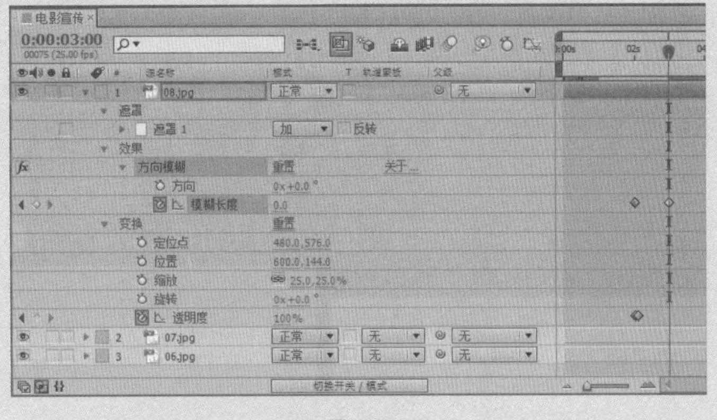

图 6-27

12 在"合成"窗口中预览效果，如图 6-28 所示。

图 6-28

13 用同样的方法将素材 09.jpg 拖至"时间轴"面板最上层，设置相关参数，如图 6-29 所示。

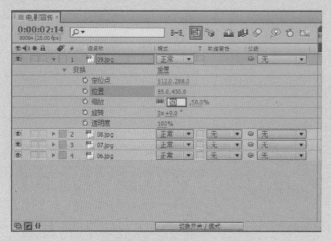

图 6-29

14 在"合成"窗口中预览效果，如图 6-30 所示。

图 6-30

15 用同样的方法在"合成"面板中绘制一个矩形遮罩，如图 6-31 所示。

图 6-31

16 为 09.jpg 层设置"方向模糊"效果，如图 6-32 所示。

图 6-32

17 将时间指示器拖至 0:00:03:00 处，添加第一个关键帧，设置"模糊长度"为 250，"透明度"为 0；将时间指示器拖至 0:00:03:02 处，添加第二个关键帧，设置"透明度"为 100%；将时间指示器拖至 0:00:04:00 处，添加第三个关键帧，设置"模糊长度"为 0，如图 6-33 所示。

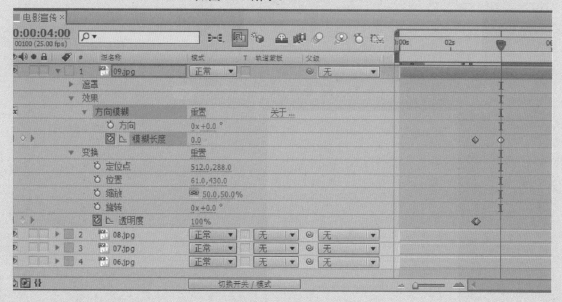

图 6-33

⑱ 在"合成"窗口中预览效果，如图 6-34 所示。

图 6-34

⑲ 用同样的方法将素材 10.jpg 拖至"时间轴"面板最上层，
并设置相关参数；将时间指示器拖至 0:00:04:00 处，添加第一个
关键帧，设置"模糊长度"为 250，"透明度"为 0；将时间指
示器拖至 0:00:04:02 处，添加第二个关键帧，设置"透明度"
为 100%；将时间指示器拖至 0:00:05:00 处，添加第三个关键帧，
设置"模糊长度"为 0，如图 6-35 所示。

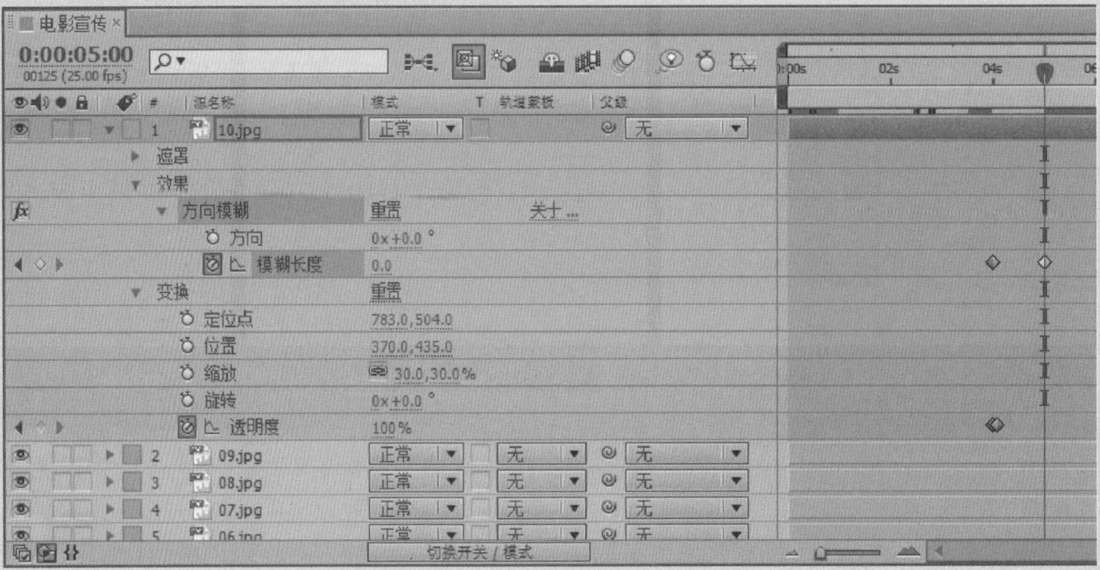

图 6-35

20 在"合成"窗口中预览效果，如图 6-36 所示。

图 6-36

21 用同样的方法将素材 11.jpg 拖至"时间轴"面板最上层，设置相关参数；将时间指示器拖至 0:00:05:00 处，添加第一个关键帧，设置"模糊长度"为 250，"透明度"为 0；将时间指示器拖至 0:00:05:02 处，添加第二个关键帧，设置"透明度"为 100%；将时间指示器拖至 0:00:06:00 处，添加第三个关键帧，设置"模糊长度"为 0，如图 6-37 所示。

图 6-37

22 在"合成"窗口中预览效果，如图 6-38 所示。

图 6-38

5. 添加文字效果

01 在"时间轴"面板上单击鼠标右键，在弹出的菜单栏中选择"新建"|"形状图层"命令，如图 6-39 所示。

02 用"矩形遮罩工具"绘制矩形，在"合成"窗口中预览效果，如图 6-40 所示。

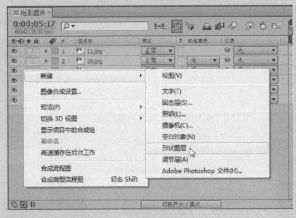

图 6-39

图 6-40

03 在"工具栏"中选择"横排文字工具"，如图 6-41 所示。

04 在"合成"面板中输入 BATTLE 文字，如图 6-42 所示。

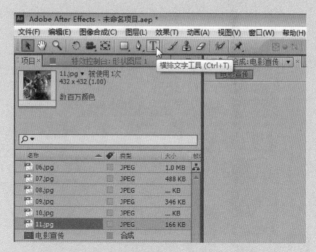

图 6-41

图 6-42

05 在"工具栏"中选择"横排文字工具",输入文字并调整字体、字号,如图 6-43 所示。

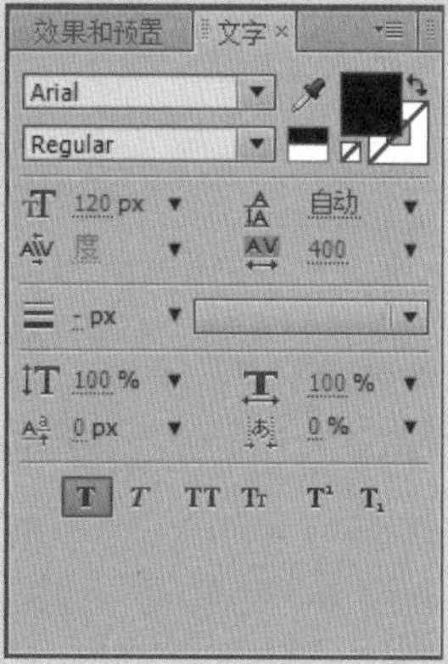

图 6-43

06 在"合成"面板中输入 BATTLE 文字，如图 6-44 所示。

图 6-44

07 将时间指示器拖至 0:00:06:00 处，添加第一个关键帧，设置 "透明度"为 0，位置为 -700，330；将时间指示器拖至 0:00:06:20 处，添加第二个关键帧，设置"透明度"为 100%；将时间指示器拖至 0:00:07:00 处，添加第三个关键帧，设置"位置"为 10，330，如图 6-45 所示。

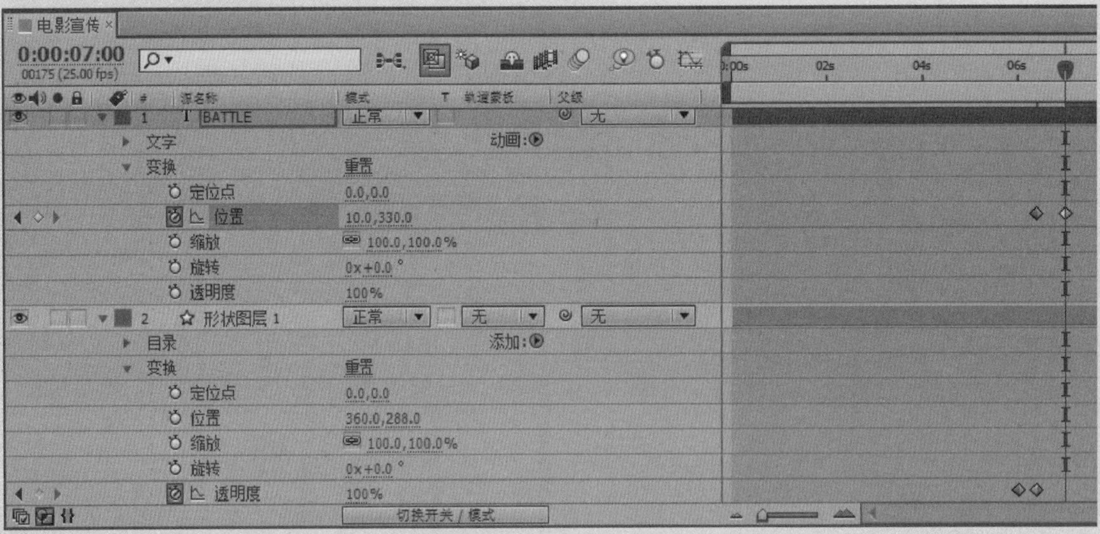

图 6-45

08 在"合成"窗口中预览效果，如图 6-46 所示。

09 在"时间轴"面板上单击鼠标右键，在弹出的菜单栏中选择"新建"|"固态层"命令，如图 6-47 所示。

10 在打开的"固态层设置"对话框中设置相关参数，如图 6-48 所示。

制作精美电影宣传效果——遮罩特效

图 6-46

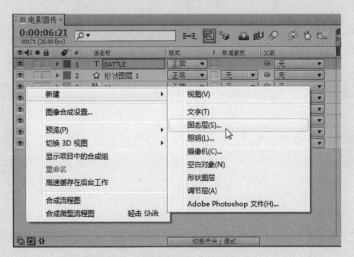

图 6-47

图 6-48

11 在"效果和预置"面板中展开"生成",选择"镜头光晕"效果,如图 6-49 所示。

12 设置图层模式为"添加",如图 6-50 所示。

图 6-49　　　　　　　　　　　　　　　　　　图 6-50

13 将时间指示器拖至 0:00:07:00 处,添加第一个关键帧,设置"光晕中心"为 10, 230;将时间指示器拖至 0:00:09:00 处,添加第二个关键帧,设置"光晕中心"为 710, 290,如图 6-51 所示。

图 6-51

14 在"合成"窗口中预览效果,如图 6-52 所示。

图 6-52

6. 保存项目文件

01 执行"文件"|"存储"命令，如图 6-53 所示。

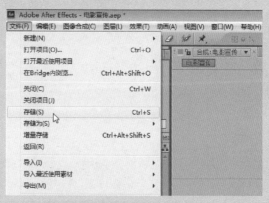

图 6-53

02 在打开的"存储为"对话框中设置项目名称，如图 6-54 所示。

图 6-54

听我讲 LISTEN TO ME

6.1 遮罩动画的原理

遮罩即指通过遮罩层中的图形或轮廓对象透出下面图层中的内容。本节主要介绍遮罩的概念以及遮罩的属性。

■ 6.1.1 遮罩的概念

一般来说，遮罩需要有两个层，而在 After Effects CS6 中，可以在一个图像层上绘制轮廓以制作遮罩，看上去是一个层。但可以将其理解为两个层：一个是轮廓层，即遮罩层；另一个是被遮罩层，即遮罩下面的图像层。

遮罩层的轮廓形状决定看到的图像形状，而被遮罩层决定看到的内容。遮罩动画的原理是遮罩层作变化或是被遮罩层作运动。

■ 6.1.2 遮罩的属性

创建一个遮罩后，在"时间轴"面板中会添加一组新的属性，从而可对"遮罩"的属性进行设置。

1. 遮罩的混合模式

在绘制完成遮罩后，"时间轴"面板会出现一个"遮罩"属性。在"遮罩"右侧的下拉列表中显示了遮罩混合模式选项，如图 6-55 所示。

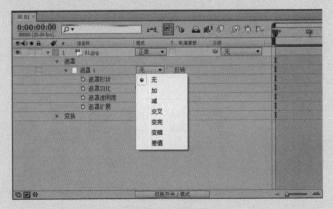

图 6-55

下面将对其混合模式的属性进行详细介绍。

无：选择此模式，路径不起遮罩作用，只作为路径存在，可进行描边、光线动画或路径动画等操作。

加：如果绘制的遮罩中有两个或两个以上的图形，选择此模式可看到两个遮罩以添加的形式显示效果。

减：选择此模式，遮罩的显示会变成镂空的效果。

交叉：两个遮罩都选择此模式，则两个遮罩产生交叉显示的效果。

变亮：此模式在可视范围区域，与"加"模式相同。但对于重叠处的不透明度，则采用不透明度较高的值。

变暗：此模式在可视范围区域，与"减"模式相同。但对于重叠处的不透明度，则采用不透明度较低的值。

差值：两个遮罩都选择此模式，则两个遮罩产生交叉镂空的效果。

2. 形状属性

创建遮罩后，还需要对其大小进行修改。单击"遮罩形状"右侧的"形状…"文字链接，如图 6-56 所示，在打开的"遮罩形状"对话框中修改相关数值，如图 6-57 所示。

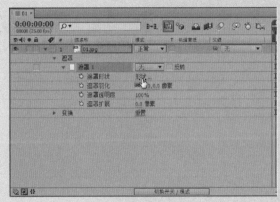
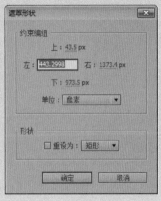

图 6-56   图 6-57

3. 羽化属性

通过设置"遮罩羽化"参数可以对遮罩的边缘进行柔化处理，制作出虚化边缘的效果。选择"遮罩羽化"选项，如图 6-58 所示，设置水平或垂直羽化值，如图 6-59 所示。

图 6-58   图 6-59

4. 透明度属性

通过设置"遮罩透明度"参数可以调整遮罩的不透明度，改变遮罩显示效果。单击"遮罩透明度"右侧的参数将其激活，如图 6-60 所示，设置遮罩的透明度参数，如图 6-61 所示。

图 6-60   图 6-61

5. 扩展属性

遮罩的范围可以通过"遮罩扩展"参数来调整，当参数为正值时，遮罩范围向外扩展；当参数为负值时，遮罩范围向内收缩。单击"遮罩扩展"右侧的参数将其激活，如图 6-62 所示，设置遮罩的扩展参数，如图 6-63 所示。

图 6-62   图 6-63

6.2　创建遮罩

After Effects CS6 提供了创建遮罩的多种方法，既可以利用工具创建、输入数据创建，还可以使用第三方软件等方法创建。本节将详细介绍创建遮罩的相关知识及操作方法。

■ 6.2.1　利用工具创建遮罩

　　利用工具面板中的工具创建遮罩，是 After Effects 最常用的创建方法。按住形状工具图标将形状工具组展开，其中包含了 5 个形状工具，分别是矩形遮罩工具、圆角矩形工具、椭圆形遮罩工具、多边形工具和星形工具，如图 6-64 所示。

图 6-64

1. 创建规则遮罩

　　矩形遮罩工具用于绘制长方形遮罩，其扩展工具为圆角矩形工具、椭圆形遮罩工具、多边形工具、星形工具，可分别绘制不同类型的遮罩。

　　在工具栏中选择"椭圆形遮罩工具"，如图 6-65 所示。按住 Shift 键在"合成"面板上绘制一个圆形，即可创建一个规则的正圆形遮罩，如图 6-66 所示。

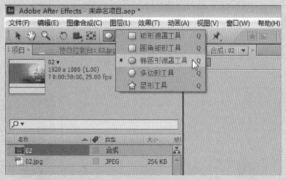

图 6-65

图 6-66

"钢笔工具"用于绘制不规则形状的遮罩。使用钢笔工具创建控制点，将多个控制点连接形成路径，闭合路径后完成创建遮罩。其扩展工具包括："顶点添加工具"用于添加顶点、"顶点清除工具"用于删除顶点、"顶点转换工具"用于调整顶点，"遮罩羽化工具"用于羽化遮罩。

在工具栏中选择"钢笔工具"，如图 6-67 所示，在"合成"面板上绘制一个闭合图形，即可创建一个不规则遮罩，如图 6-68 所示。

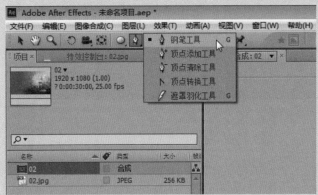

图 6-67

图 6-68

■ 6.2.2　输入数据创建遮罩

通过输入数据可以精确地创建规则形状的遮罩，如长方形遮罩、圆形遮罩等。

选择图层，单击鼠标右键，在弹出的菜单栏中执行"遮罩" | "新建遮罩"命令，如图 6-69 所示，新建一个遮罩，如图 6-70 所示。

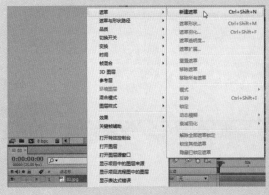

图 6-69

图 6-70

单击"遮罩形状"右侧的"形状 …"文字链接，即可在打开的"遮罩形状"对话框中设置参数，如图 6-71 所示，在"合成"窗口中预览效果，如图 6-72 所示。

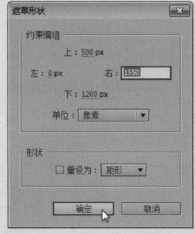

图 6-71

图 6-72

■ 6.2.3　引入数据创建遮罩

After Effects CS6 还可以应用从其他软件中引入的路径。在合成制作时，可以使用一些在路径创建方面更专业的软件创建路径，然后导入 After Effects CS6 中为其所用。

如引用 Photoshop 中路径上的所有点，执行"编辑"|"复制"命令，然后切换至 After Effects CS6 中，选择要设置遮罩的层，执行"编辑"|"粘贴"命令，即可完成遮罩的引用。

■ 1. 制作望远镜效果

制作望远镜效果图，如图 6-73 所示。

图 6-73

操作要点

01 掌握图层混合的几种不同模式；

02 在"混合模式"菜单栏中选择"叠加"；

03 在"合成"窗口中预览图层混合过后的效果。

■ 2. 制作画面朦胧效果

制作如图 6-74 所示的画面朦胧效果图。

图 6-74

操作要点

01 掌握工具区里绘图类工具的使用；

02 利用"椭圆工具"制作出遮罩效果；

03 调整"遮罩"羽化参数。

CHAPTER 07

制作烟雾文字动画效果——
内置滤镜特效

本章概述 SUMMARY

在影视作品中，一般都离不开特效的使用。通过添加滤镜特效，可以为视频文件添加特殊的处理，使其产生丰富的视频效果。常用的内置滤镜特效包括"生成"滤镜组、"风格化"滤镜组、"模糊与锐化"滤镜组、"透视"滤镜组和过渡滤镜组。本章将详细介绍常用内置滤镜特效的应用和特点。

■ 核心知识点
内置滤镜特效的含义   ★★★
内置滤镜特效的应用   ★★☆
内置滤镜特效相关参数的调整   ★★☆

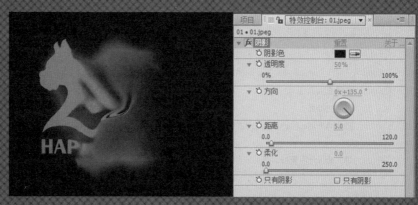

烟雾文字动画效果   "阴影"滤镜特效

跟我学 LEARN
WITH ME

■ 制作烟雾文字动画效果

案例描述：在影视节目制作过程中，经常会利用 After Efftecs CS6 的内
置滤镜特效制作丰富多彩的图像，以满足不同的视觉效果。本案例通
过制作烟雾文字动画效果，让读者更好地了解 After Efftecs CS6 常用的
内置滤镜特效及其应用操作。

实现过程

1. 新建合成并设置固态层

01 在"项目"面板上单击鼠标右键，在弹出的菜单栏中选择"新
建合成组"命令，或者单击"项目"面板底部的"新建合成"按钮，
如图 7-1 所示。

02 在打开的"图像合成设置"对话框中设置相应选项，如图 7-2
所示。

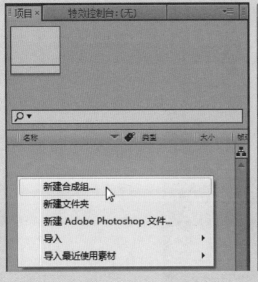

图 7-1

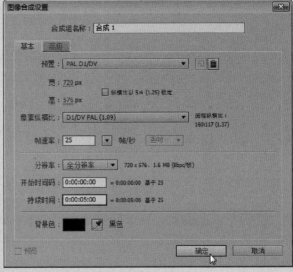

图 7-2

03 在"时间轴"面板的空白处单击鼠标右键，在弹出的菜单
栏中选择"新建"|"固态层"命令，如图 7-3 所示。

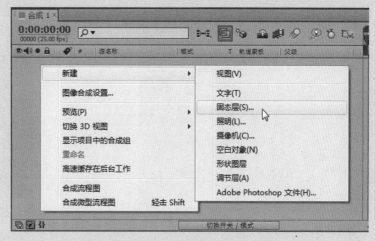

图 7-3

04 在打开的"固态层设置"对话框中设置相关参数,如图 7-4 所示。

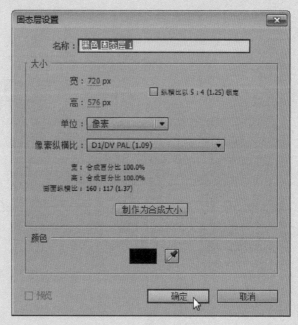

图 7-4

2. 设置烟雾效果

01 完成上述操作后,即可新建一个黑色的固态层,如图 7-5 所示。

02 在"效果和预置"面板中展开"杂波与颗粒"属性栏,选择"分形噪波"效果,如图 7-6 所示。

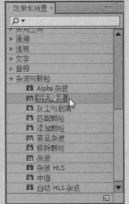

图 7-5   图 7-6

03 将"分形噪波"效果添加到"黑色固态层1"上,即可在"合成"窗口中预览效果,如图 7-7 所示。

04 在"特效控制台"面板中设置"分形噪波"效果的相关参数,如图 7-8 所示。

05 在"合成"窗口中预览效果,如图 7-9 所示。

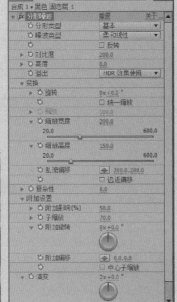

图 7-7   图 7-8   图 7-9

06 将时间指示器拖至开始处,添加第一个关键帧,设置"附加偏移"为 0,288,"演变"为 2x+0.0°,如图 7-10 所示。

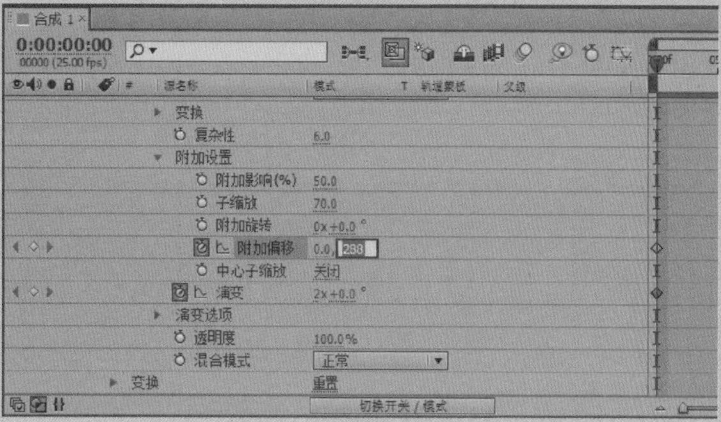

图 7-10

07 将时间指示器拖至 0:00:04:24 处，添加第二个关键帧，设置"附加偏移"为 720，288，"演变"为 0x+0.0°，如图 7-11 所示。

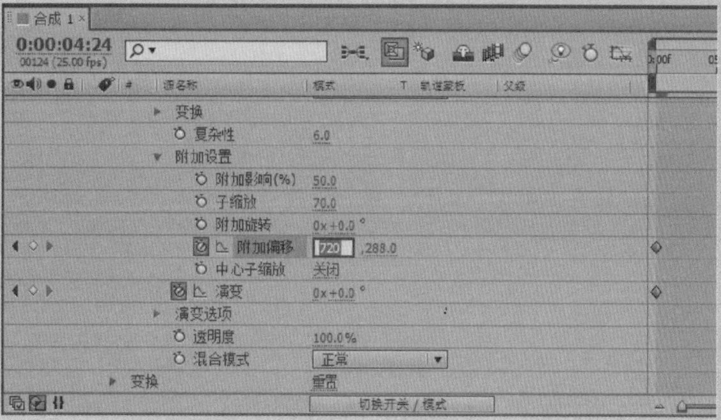

图 7-11

08 在"合成"窗口中预览效果，如图 7-12 所示。

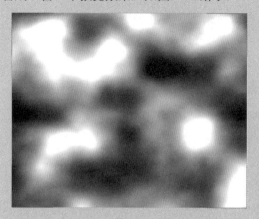

图 7-12

09 在"效果和预置"面板中展开"色彩校正",选择"色阶"
效果,如图 7-13 所示。

10 将"色阶"效果添加到"黑色固态层 1"上,并在"特效控
制台"面板上设置相关参数,如图 7-14 所示。

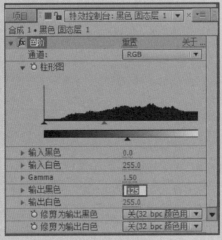

图 7-13   图 7-14

11 在"合成"窗口中预览效果,如图 7-15 所示。

12 在"效果和预置"面板中展开"色彩校正",选择"曲线"
效果,如图 7-16 所示。

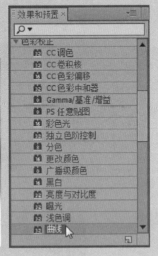

图 7-15   图 7-16

13 在"特效控制台"面板中设置相关参数,如图 7-17 所示。

14 在"合成"窗口中预览效果,如图 7-18 所示。

制作烟雾文字动画效果——内置滤镜特效

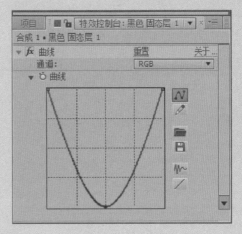

图 7-17

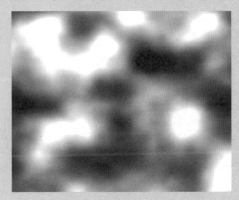

图 7-18

3. 设置遮罩动画效果

01 选择"黑色固态层 1"，在"工具栏"面板中单击"矩形遮罩工具"图标，如图 7-19 所示。

02 在"合成"面板中绘制矩形遮罩，如图 7-20 所示。

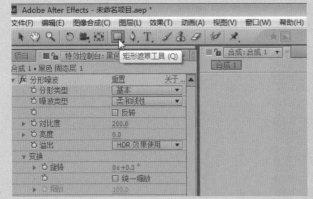

图 7-19

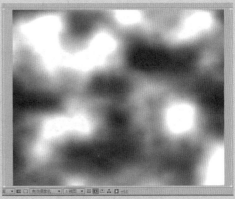

图 7-20

03 设置"遮罩 1"的"遮罩羽化"为 100，如图 7-21 所示。

04 在"合成"窗口中预览效果，如图 7-22 所示。

图 7-21

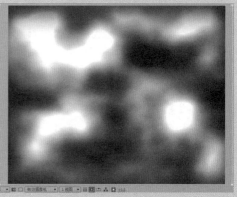

图 7-22

05 将时间指示器拖至开始处，添加第一个关键帧，设置"遮罩形状"，如图 7-23 所示。

06 在"合成"窗口中预览效果，如图 7-24 所示。

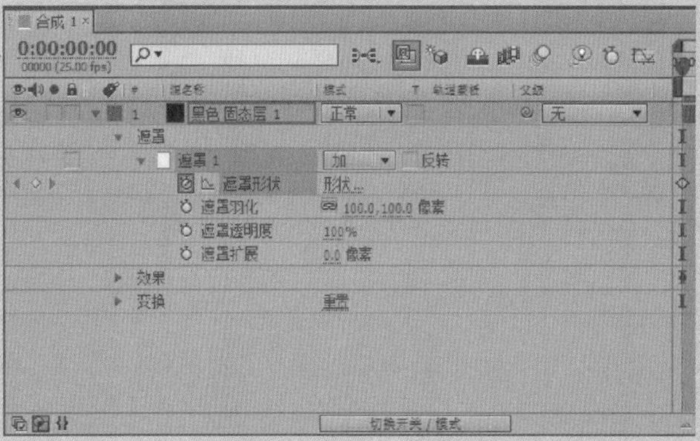

图 7-23

图 7-24

07 将时间指示器拖至 0:00:05:00 处，添加第二个关键帧，设置"遮罩形状"，如图 7-25 所示。

图 7-25

08 在"合成"窗口中预览效果，如图 7-26 所示。

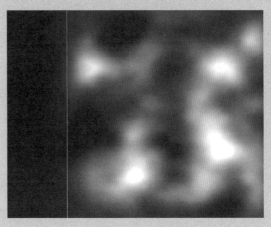

图 7-26

4. 新建合成并设置最终效果

01 在"项目"面板上单击鼠标右键，选择"新建合成组"，或者单击"项目"面板底部的"新建合成"按钮，如图 7-27 所示。

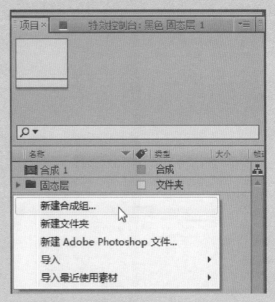

图 7-27

02 在打开的"图像合成设置"对话框中设置相应选项，如图 7-28 所示。

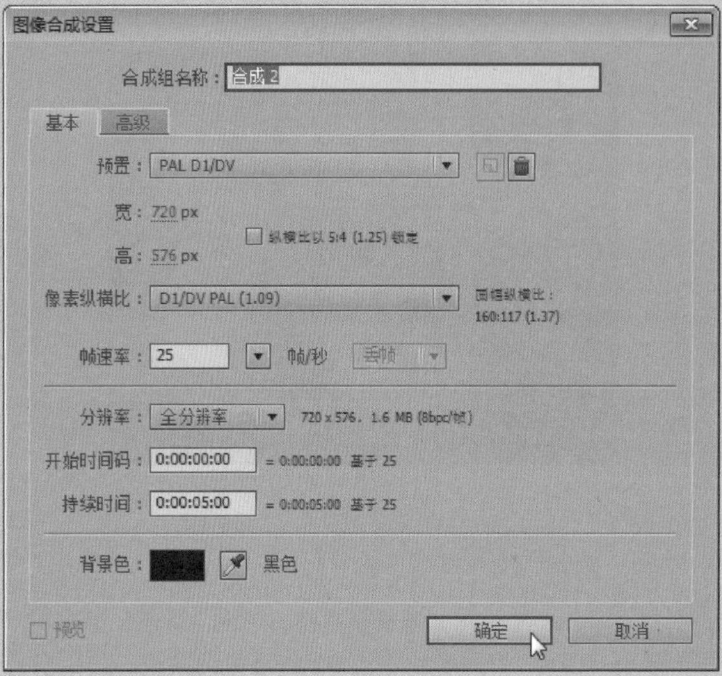

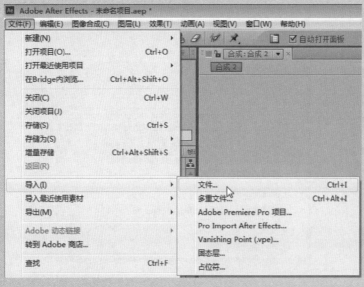

图 7-28

03 执行"文件" | "导入" | "文件"命令，如图 7-29 所示。

图 7-29

04 在打开的"导入文件"对话框中选择需要的文件，如图 7-30 所示。

图 7-30

05 在打开的对话框中设置"图层选项"等参数，单击"确定"按钮，如图 7-31 所示。

06 将"项目"面板中的"05.psd"素材拖至"时间轴"面板中，并设置相关参数，如图 7-32 所示。

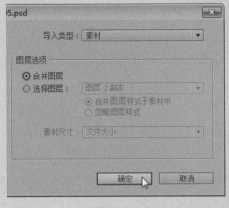

图 7-31

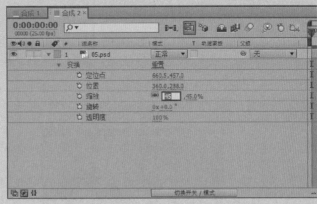

图 7-32

07 在"合成"窗口预览效果，如图 7-33 所示。

08 在"项目"面板上单击鼠标右键，选择"新建合成组"，或者单击"项目"面板底部的"新建合成"按钮，如图 7-34 所示。

图 7-33

图 7-34

09 在打开的"图像合成设置"对话框中设置相应选项，如图 7-35
所示。

10 将"项目"面板中的"合成 1"和"合成 2"拖至"时间轴"
面板中，如图 7-36 所示。

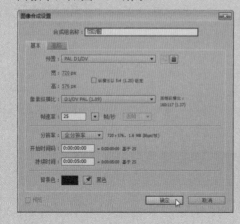

图 7-35

图 7-36

11 在"合成"窗口中预览效果，如图 7-37 所示。

图 7-37

12 关掉"合成1"图层前的显示开关，如图7-38所示。

图7-38

13 在"效果和预置"面板中展开"模糊与锐化"，选择"复合模糊"效果，如图7-39所示。

14 将效果添加到"合成2"图层上，并在"特效控制台"面板上设置相关参数，如图7-40所示。

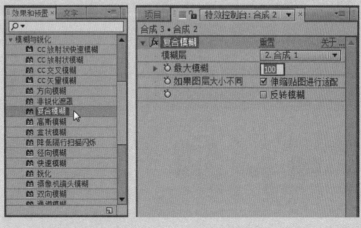

图7-39   图7-40

15 在"合成"窗口中预览效果，如图7-41所示。

16 用同样的方法展开"扭曲"，选择"置换映射"效果，将其添加到"合成2"图层上，并在"特效控制台"面板中设置相关参数，如图7-42所示。

图 7-41   图 7-42

17 在"合成"窗口中预览效果，如图 7-43 所示。

18 用同样的方法展开"风格化"，选择"辉光"效果，如图 7-44 所示。

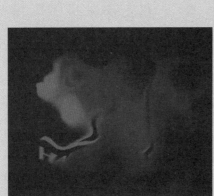

图 7-43   图 7-44

19 将效果添加到"合成 2"图层上，并在"特效控制台"面板中设置相关参数，如图 7-45 所示。

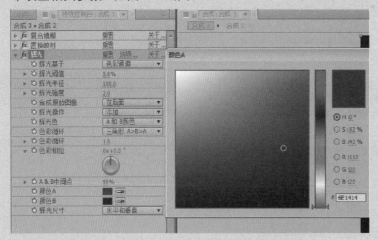

图 7-45

20 在"合成"窗口中预览效果，如图 7-46 所示。

21 用同样的方法展开"过渡"，选择"线性擦除"效果，如图 7-47 所示。

22 将效果添加到"合成 2"图层上，并在"特效控制台"面板中设置相关参数，如图 7-48 所示。

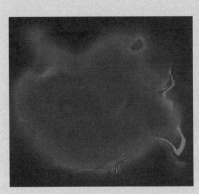

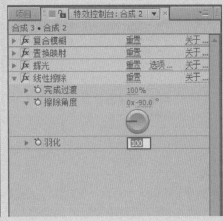

图 7-46   图 7-47   图 7-48

23 将时间指示器拖至开始处，添加第一个关键帧，设置"完成过渡"为 100%；将时间指示器拖至 0:00:03:00 处，添加第二个关键帧，设置"完成过渡"为 0%，如图 7-49 所示。

24 可在"合成"窗口中预览效果，如图 7-50 所示。

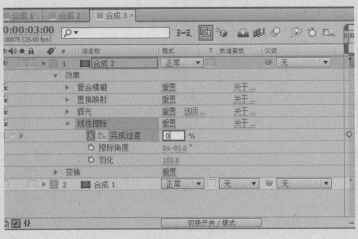

图 7-49   图 7-50

5. 保存项目文件

01 执行"文件"|"存储"命令，如图 7-51 所示。

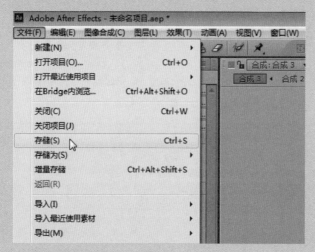

图 7-51

02 在打开的"存储为"窗口中设置项目名称，如图 7-52 所示。

图 7-52

听我讲　LISTEN TO ME

7.1　"生成"滤镜组

"生成"滤镜组主要包括"CC 光线扫射""CC 光线照射""CC 螺纹""CC 喷胶枪""CC 突发光 2.5""电波""分形""蜂巢图案""高级闪电""勾画""光束""渐变""镜头光晕""描边""棋盘""书写""四色渐变""填充""涂鸦""椭圆""网格""吸色管填充""音频波形""音频频谱""油漆桶"以及"圆"26 个滤镜特效。本节将详细讲解"渐变"滤镜和"四色渐变"滤镜的相关参数和应用。

■ 7.1.1　"渐变"滤镜特效

"渐变"滤镜特效可以用来创建色彩过渡的效果，使用频率较高。选中图层，在"效果和预置"面板中展开"生成"，选择"渐变"滤镜，如图 7-53 所示；拖至选中的图层上，即可添加滤镜特效，在"特效控制台"面板中设置相关参数，如图 7-54 所示。

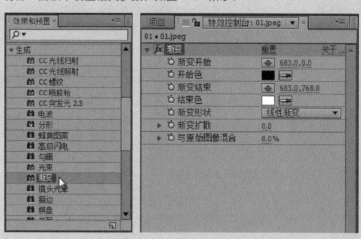

图 7-53　　　　　　　　　　　图 7-54

该属性用于设置渐变的相关属性，如图 7-55 所示。

- 渐变开始：设置渐变的起点位置。
- 开始色：设置渐变开始位置的颜色。
- 渐变结束：设置渐变的终点位置。
- 结束色：设置渐变结束位置的颜色。

- 渐变形状：设置渐变的类型，包括线性渐变和径向渐变。
- 渐变扩散：设置渐变颜色的颗粒效果或扩散效果。
- 与原始图像混合：设置与源图像融合的百分比。

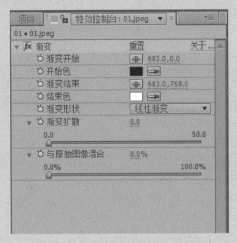

图 7-55

■ 7.1.2　"四色渐变"滤镜特效

"四色渐变"滤镜特效在一定程度上弥补了"渐变"滤镜在颜色控制方面的不足。选中图层，在"效果和预置"面板中展开"生成"，选择"四色渐变"滤镜，如图 7-56 所示；拖至选中的图层上，即可添加滤镜特效，在"特效控制台"面板中设置相关参数，如图 7-57 所示。

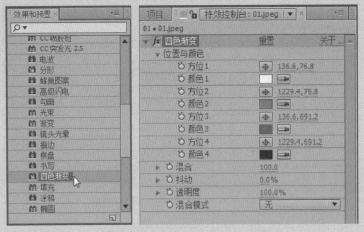

图 7-56　　　　　　　　　图 7-57

该属性用于设置四色渐变的相关属性，如图 7-58 所示。

- 位置与颜色：设置四色渐变的位置和颜色。
- 混合：设置四色之间的融合度。

- 抖动：设置颜色的颗粒效果或扩展效果。
- 透明度：设置四色渐变的透明度。
- 混合模式：设置四色渐变与源图层的图层叠加模式。

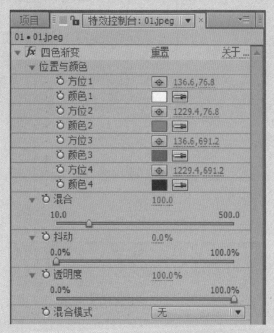

图 7-58

7.2 "风格化"滤镜组

"风格化"滤镜组主要包括"CC RGB 阈值""CC 玻璃""CC 胶片灼烧""CC 塑胶""CC 图块加载""CC 万花筒""CC 形状颜色映射""CC 重复平铺""CC 阈值""笔触""材质纹理""彩色浮雕""查找边缘""粗糙边缘""动态平铺""浮雕""辉光""卡通""马赛克""散射""闪光灯""招贴画"以及"阈值"23 个滤镜特效。本节将详细讲解"辉光"滤镜和"马赛克"滤镜的相关参数和应用。

■ 7.2.1 "辉光"滤镜特效

"辉光"滤镜特效经常用于图像中的文字、logo 或带有 Alpha 通道的图像，使其产生发光的效果。选中图层，在"效果和预置"面板中展开"风格化"，选择"辉光"滤镜，如图 7-59 所示；拖至选中的图层上，即可添加滤镜特效，在"特效控制台"面板中设置相关参数，如图 7-60 所示。

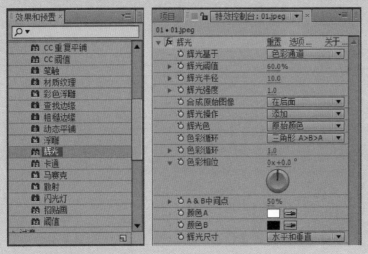

图 7-59   图 7-60

该属性用于设置辉光的相关属性, 如图 7-61 所示。

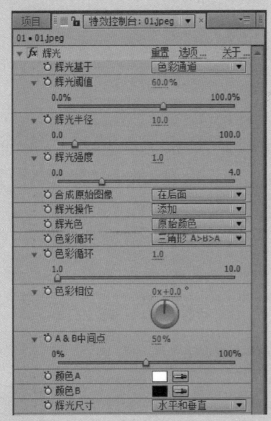

图 7-61

- 辉光基于: 设置光晕基于的通道, 包括 Alpha 通道和颜色通道。

- 辉光阈值：设置光晕的容差值。
- 辉光半径：设置光晕的半径大小。
- 辉光强度：设置光晕发光的强度值。
- 合成原始图像：设置源图层和光晕合成的位置顺序。
- 辉光操作：设置发光的模式。
- 辉光色：设置光晕颜色的控制方式，包括原始颜色、A和B的颜色、任意贴图3种。
- 色彩循环：设置光晕颜色循环的控制方式。
- 色彩循环：设置光晕的颜色循环。
- 色彩相位：设置光晕的颜色相位。
- A&B中间点：设置颜色A和B的中间点百分比。
- 颜色A：颜色A的颜色设置。
- 颜色B：颜色B的颜色设置。
- 辉光尺寸：设置光晕作用方向。

■ 7.2.2 "马赛克"滤镜特效

"马赛克"滤镜特效可以将画面分成若干个网格，每一格都用本格内所有颜色的平均色进行填充，使画面产生分块式的马赛克效果。选中图层，在"效果和预置"面板中展开"风格化"，选择"马赛克"滤镜，如图 7-62 所示；拖至选中的图层上，即可添加滤镜特效，在"特效控制台"面板中设置相关参数，如图 7-63 所示。

图 7-62

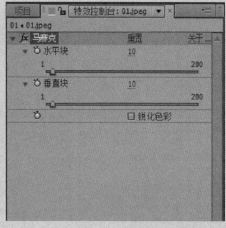

图 7-63

该属性用于设置马赛克的相关属性，如图 7-64 所示。

- 水平块：设置水平方向块的数量。
- 垂直块：设置垂直方向块的数量。

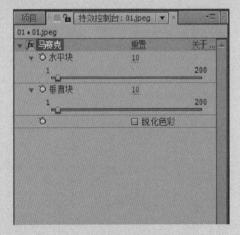

图 7-64

7.3 "模糊与锐化"滤镜组

"模糊与锐化"滤镜组主要包括"CC放射状快速模糊""CC放射状模糊""CC交叉模糊""CC矢量模糊""方向模糊""非锐化遮罩""复合模糊""高斯模糊""盒状模糊""降低隔行扫描闪烁""径向模糊""快速模糊""锐化""摄像机镜头模糊""双向模糊"以及"通道模糊"16个滤镜特效。本节将详细讲解"快速模糊"滤镜、"摄像机镜头模糊"滤镜和"径向模糊"滤镜的相关参数和应用。

■ 7.3.1 "快速模糊"滤镜特效

"快速模糊"滤镜特效经常用于模糊和柔化图像,去除画面中的杂点。选中图层,在"效果和预置"面板中展开"模糊与锐化",选择"快速模糊"滤镜,如图 7-65 所示;拖至选中的图层上,即可添加滤镜特效,在"特效控制台"面板中设置相关参数,如图 7-66 所示。

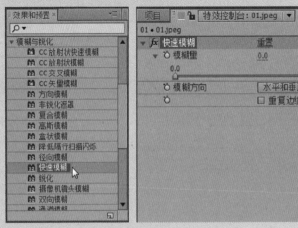

图 7-65   图 7-66

该属性用于设置快速模糊的相关属性,如图 7-67 所示。

- 模糊量:设置糊面的模糊强度。
- 模糊方向:设置图像模糊的方向,包括水平和垂直、水平、垂直 3 种。
- 重复边缘像素:主要用来设置图像边缘的模糊。

图 7-67

7.3.2 "摄像机镜头模糊"滤镜特效

"摄像机镜头模糊"滤镜特效可以用来模拟不在摄像机聚焦平面内物体的模糊效果。选中图层,在"效果和预置"面板中展开"模糊与锐化",选择"摄像机镜头模糊"滤镜,如图 7-68 所示;拖至选中的图层上,即可添加滤镜特效,在"特效控制台"面板中设置相关参数,如图 7-69 所示。

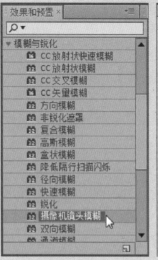

图 7-68

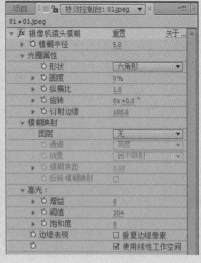

图 7-69

该属性用于设置摄像机镜头模糊的相关属性，如图 7-70 所示。

- 模糊半径：设置镜头模糊的半径大小。
- 光圈属性：设置摄像机镜头的属性。
- 形状：用来控制摄像机镜头的形状。
- 圆度：用来设置镜头的圆滑度。
- 纵横比：用来设置镜头的画面比率。
- 模糊映射：用来读取模糊图像的相关信息。
- 图层：指定设置镜头模糊的参考图层。
- 通道：指定模糊图像的图层通道。
- 放置：指定模糊图像的位置。
- 模糊焦距：指定模糊图像焦点的距离。

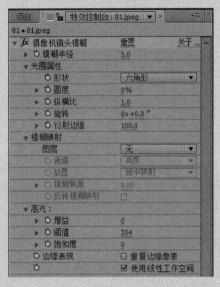

图 7-70

- 反转模糊映射：用来反转图像的焦点。
- 高光：用来设置镜头的高光属性。
- 增益：用来设置图像的增益值。
- 阈值：用来设置图像的容差值。
- 饱和度：用来设置图像的饱和度。
- 边缘表现：用来设置图像边缘模糊的重复值。

■ 7.3.3 "径向模糊" 滤镜特效

"径向模糊" 滤镜特效围绕自定义的一个点产生模糊效果，常用来模拟镜头的推拉和旋转效果。选中图层，在 "效果和预置" 面板中展开 "模糊与锐化"，选择 "径向模糊" 滤镜，如图 7-71 所示；拖至选中的图层上，即可添加滤镜特效，在"特效控制台"面板中设置相关参数，如图 7-72 所示。

该属性用于设置径向模糊的相关属性，如图 7-73 所示。

图 7-71

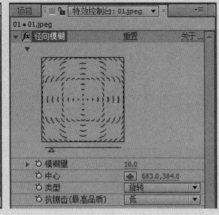

图 7-72

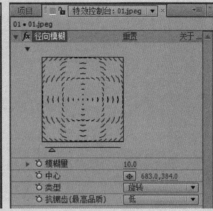

图 7-73

- 模糊量：设置径向模糊的强度。
- 中心：设置径向模糊的中心位置。
- 类型：设置径向模糊的样式，包括旋转、缩放2种样式。
- 抗锯齿（最高品质）：设置图像的质量，包括低和高2种选择。

7.4 "透视"滤镜组

"透视"滤镜组主要包括"3D 眼镜""CC 环境映射""CC 聚光灯""CC 球体""CC 圆柱体""放射阴影""三维摄像机跟踪""斜角边""斜面 Alpha""阴影"和"径向模糊"11 个滤镜特效。本节将详细讲解"斜面 Alpha"滤镜和"阴影"滤镜的相关参数和应用。

7.4.1 "斜面 Alpha"滤镜特效

"斜面 Alpha"滤镜特效可以通过二维的 Alpha 通道使图像出现分界，形成假三维的倒角效果。选中图层，在"效果和预置"面板中展开"透视"，选择"斜面 Alpha"滤镜，如图 7-74 所示；拖至选中的图层上，即可添加滤镜特效，在"特效控制台"面板中设置相关参数，如图 7-75 所示。

该属性用于设置斜面 Alpha 的相关属性，如图 7-76 所示。

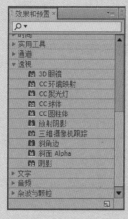

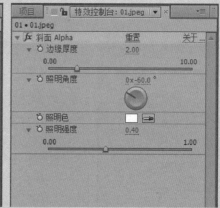

图 7-74 　　　　　　　　　　　　图 7-75 　　　　　　　　　　　　图 7-76

- 边缘厚度：用来设置图像边缘的厚度效果。
- 照明角度：用来设置灯光照射的角度。
- 照明色：用来设置灯光照射的颜色。
- 照明强度：用来设置灯光照射的强度。

■ 7.4.2 　"阴影"滤镜特效

"阴影"滤镜特效所产生的图像阴影形状是由图像的 Alpha 通道所决定的。选中图层，在"效果和预置"面板中展开"透视"，选择"阴影"滤镜，如图 7-77 所示；拖至选中的图层上，即可添加滤镜特效，在"特效控制台"面板中设置相关参数，如图 7-78 所示。

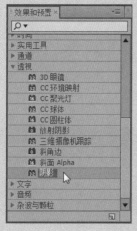

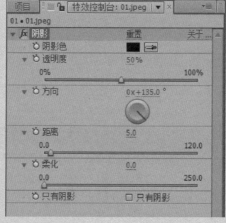

图 7-77 　　　　　　　　　　　　图 7-78

该属性用于设置阴影的相关属性，如图 7-79 所示。

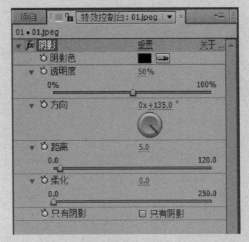

图 7-79

- 阴影色：设置图像阴影的颜色效果。
- 透明度：设置图像阴影的透明度效果。
- 方向：用来设置图像的阴影方向。
- 距离：用来设置图像阴影到图像的距离。
- 柔化：用来设置图像阴影的柔化效果。
- 只有阴影：用来设置单独显示图像的阴影效果。

7.5 "过渡"滤镜组

"过渡"滤镜组主要包括"CC 玻璃状擦除""CC 光线擦除""CC 径向缩放擦擦""CC 拉伸式缩放""CC 龙卷风""CC 钳齿""CC 翘曲过渡""CC 图像式擦除""CC 网格擦除""CC 行擦除""百叶窗""渐变擦除""径向擦除""卡片擦除""块溶解""线性擦除"和"形状渐变"17 个滤镜特效。本节将详细讲解"卡片擦除"滤镜和"百叶窗"滤镜的相关参数和应用。

■ 7.5.1 "卡片擦除"滤镜特效

"卡片擦除"滤镜特效可以模拟卡片的翻转并通过擦除切换到另一个画面。选中图层，在"效果和预置"面板中展开"过渡"，选择"卡片擦除"滤镜，如图 7-80 所示；拖至选中的图层上，即可添加滤镜特效，在"特效控制台"面板中设置相关参数，如图 7-81 所示。

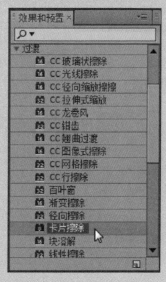

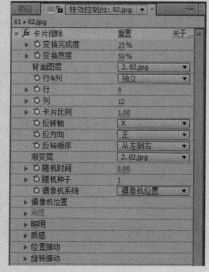

图 7-80　　　　　　　　图 7-81

- 变换完成度：控制转场完成的百分比。
- 变换宽度：控制卡片擦拭宽度。
- 背面图层：在下拉列表中设置一个与当前层进行切换的背景。
- 行：设置卡片行的值。
- 列：设置卡片列的值。
- 卡片比例：控制卡片的尺寸大小。
- 反转轴：在下拉列表中设置卡片反转的坐标轴方向。
- 反方向：在下拉列表中设置卡片反转的方向。
- 反转顺序：设置卡片反转的顺序。
- 渐变层：设置一个渐变层，影响卡片切换效果。
- 随机时间：可以对卡片进行随机定时设置。
- 随机种子：设置卡片以随机度切换。
- 摄像机系统：控制用于滤镜的摄像机系统。
- 位置振动：可以对卡片的位置进行抖动设置，使卡片产生颤动的效果。
- 旋转振动：可以对卡片的旋转进行抖动设置。

7.5.2 "百叶窗"滤镜特效

"百叶窗"滤镜特效通过分割的方式对图像进行擦拭。选中图层，在"效果和预置"面板中展开"过渡"，选择"百叶窗"滤镜，如

图 7-82 所示; 拖至选中的图层上, 即可添加滤镜特效, 在 "特效控制台" 面板中设置相关参数, 如图 7-83 所示。

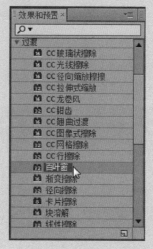

图 7-82

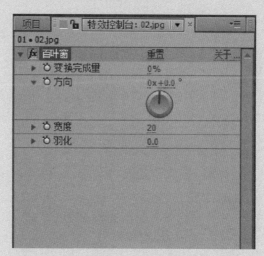

图 7-83

该属性用于设置阴影的相关属性。

- 变换完成量: 控制转场完成的百分比。
- 方向: 控制擦拭的方向。
- 宽度: 设置分割的宽度。
- 羽化: 控制分割边缘的羽化。

自己练 PRACTICE YOURSELF

■ 1. 设置下雪效果

制作如图 7-84 所示的下雪效果图。

图 7-84

操作要点

01 掌握内置滤镜的几种不同效果；

02 在"效果与预置"面板中展开"模拟仿真"，选择"CC 下雪"效果（关于模拟仿真的应用方法可参照第 8 章）；

03 在"特效控制台"面板上设置"CC 下雪"效果，调整相应参数。

■ 2. 添加"CC 星爆"效果

制作如图 7-85 所示的"CC 星爆"效果图。

图 7-85

操作要点

01 掌握"模拟仿真"滤镜的几种不同效果；

02 执行"效果"|"模拟仿真"命令，选择"CC 星爆"效果（关于模拟仿真的应用方法可参照第 8 章）；

03 在"特效控制台"面板中设置"CC 星爆"效果，调整相应参数。

CHAPTER 08

制作舞动粒子效果——
仿真粒子特效

本章概述 SUMMARY

粒子效果是After Efftecs CS6中常用的一种效果，它可以快速地模拟出云雾、火焰、下雪等效果，并可制作出具有空间感和奇幻感的画面效果，主要用来渲染画面气氛，使其看起来更加美观、震撼、迷人。根据粒子的不同属性和应用领域，主要的粒子特效包括"碎片"特效、"粒子运动"特效和"Particular（粒子）"特效、"Form（形状）"特效。

■ 核心知识点

"碎片"特效　　　　　　　　　★★☆
"粒子运动"特效　　　　　　　★★☆
"Particular（粒子）"特效　　★★☆
"Form（形状）"特效　　　　　★★☆

舞动粒子特效

粒子动场特效

跟我学 LEARN
WITH ME

■ 制作舞动粒子效果

案例描述：在影视制作过程中，经常会涉及粒子文字效果的制作。本案
例将主要学习使用"Particular（粒子）"、"Emitter（发射）"、"Form
（形态）"效果来制作粒子文字效果。

实现过程

1. 新建合成组

01 在"项目"面板上右击，在弹出的菜单栏中选择"新建合
成组"，如图 8-1 所示。

02 在打开的"图像合成设置"对话框中设置相应选项，如图 8-2
所示。

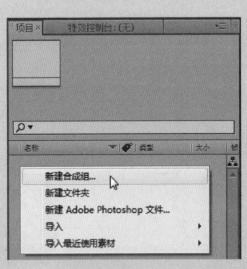

图 8-1

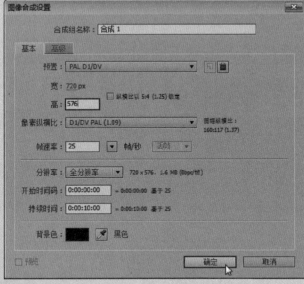

图 8-2

03 在"时间轴"面板上右击，在弹出的菜单栏中执行"新建"|"照
明"命令，如图 8-3 所示。

04 在打开的"照明设置"对话框中设置相应选项，如图 8-4 所示。

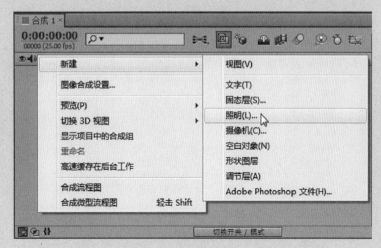

图 8-3

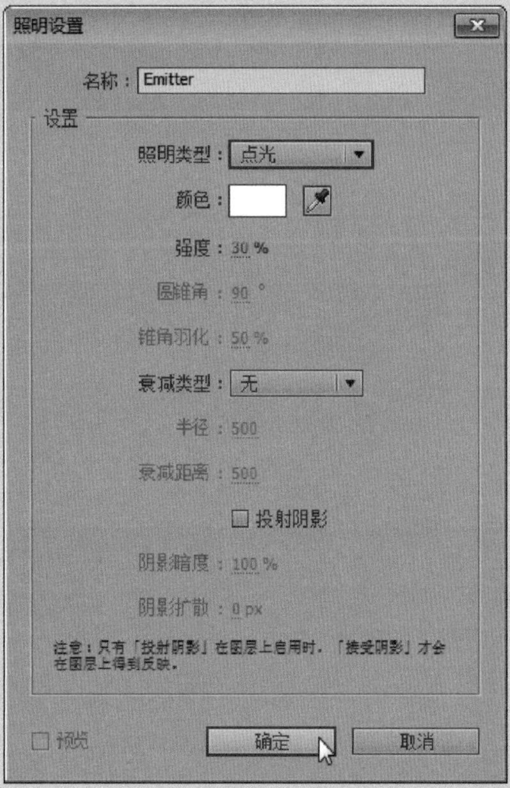

图 8-4

05 在"时间轴"面板上右击,在弹出的菜单栏中选择"新建"|"空白对象"命令,如图 8-5 所示。

06 在"合成"窗口中预览效果,如图 8-6 所示。

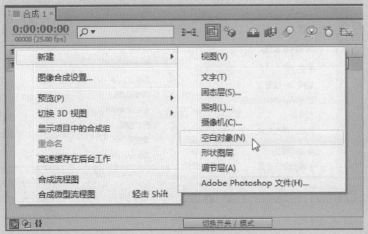

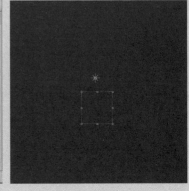

图 8-5　　　　　　　　　　　　　　　　　　　　　　图 8-6

2. 设置 "Particular（粒子）" 效果

01 选择 "空白 1" 图层，将其转换为三维图层，如图 8-7 所示。

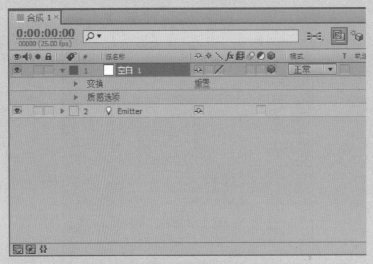

图 8-7

02 将时间指示器拖至开始处，添加第一个关键帧，设置位置为（220，300，-1000）；在 0:00:01:00 处添加第二个关键帧，设置位置为 430，630，1000，如图 8-8 所示。

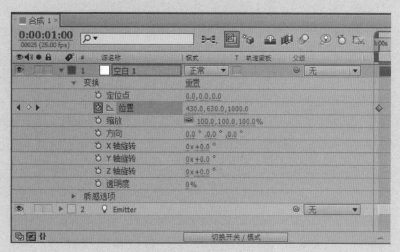

图 8-8

03 在 0:00:02:00 处添加第三个关键帧，设置位置为，730，-250，2000；在 0:00:03:00 处添加第四个关键帧，设置位置为 570，260，-330；如图 8-9 所示。

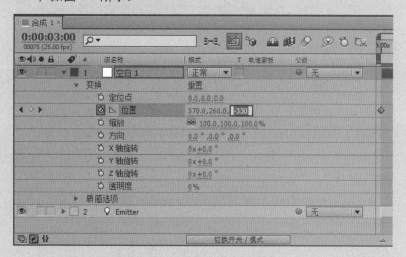

图 8-9

04 在 0:00:04:00 处添加第五个关键帧，设置位置为 350，410，-600；在 0:00:05:00 处添加第六个关键帧，设置位置为 290，200，-940，如图 8-10 所示。

05 选择"空白 1"图层的"位置"属性，按住 Ctrl+C 快捷键进行复制；选择 Emitter 图层，按住 Ctrl+V 快捷键进行粘贴，如图 8-11 所示。

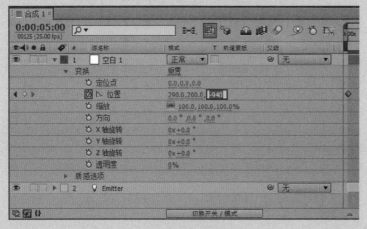

图 8-10

图 8-11

06 删除 Emitter 图层"位置"属性的动画关键帧，按住 Alt 键，同时单击"位置"属性前的图标，如图 8-12 所示。

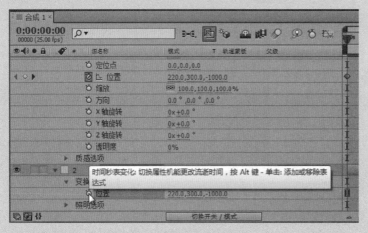

图 8-12

07 将"位置"属性链接到"空白 1"图层的"位置"属性上，如图 8-13 所示。

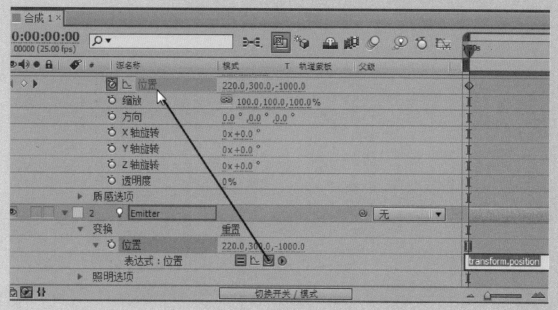

图 8-13

08 完成操作，如图 8-14 所示。

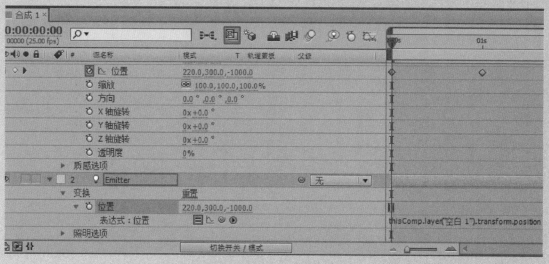

图 8-14

09 在"时间轴"面板上单击鼠标右键，在弹出的菜单栏中选择"新建"|"固态层"命令，如图 8-15 所示。

10 在打开的"固态层设置"对话框中设置相关参数，如图 8-16 所示。

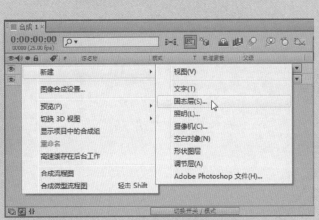

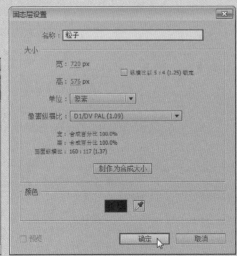

图 8-15　　　　　　　　　　　　　　　　图 8-16

11 在"效果和预置"面板中展开 Trapcode，选择 Particular 效果，
将其添加到"粒子"图层上，如图 8-17 所示。

12 在"特效控制台"面板中设置"Emitter（发射）"属性，
如图 8-18 所示。

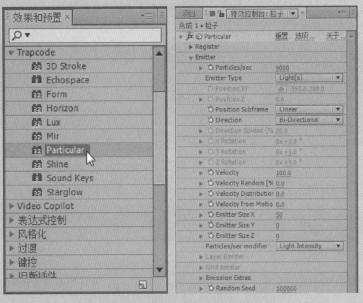

图 8-17　　　　　　　　　　图 8-18

13 在"合成"窗口中预览效果，如图 8-19 所示。

14 在"特效控制台"面板中设置"Particular（粒子）"特效的"Particle（粒子）"属性参数，如图 8-20 所示。

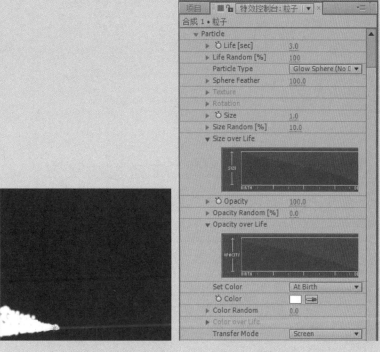

图 8-19   图 8-20

15 在"合成"窗口中预览效果，如图 8-21 所示。

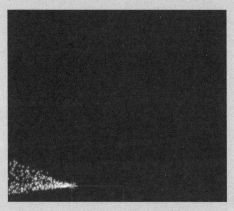

图 8-21

16 选择"粒子"层，按住 Ctrl+D 快捷键复制一层，单击鼠标右键，在弹出的菜单栏中选择"重命名"命令，如图 8-22 所示。

图 8-22

17 将图层重命名为"线条",如图 8-23 所示。

图 8-23

18 在"特效控制台"面板中设置"Emitter(发射)"属性,如图 8-24 所示。

19 在"特效控制台"面板中设置"Particular(粒子)"特效的"Particle(粒子)"属性参数,如图 8-25 所示。

20 在"合成"窗口中预览效果,如图 8-26 所示。

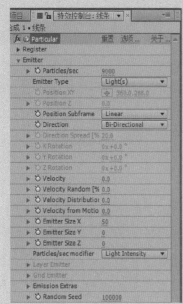

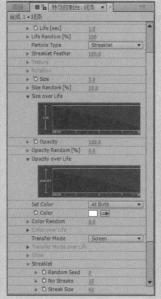

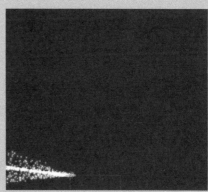

图 8-24 图 8-25 图 8-26

21 调整"粒子"和"线条"图层的位置,并设置其"叠加模式"为"添加",如图 8-27 所示。

22 在"合成"窗口中预览效果,如图 8-28 所示。

图 8-27 图 8-28

3. 设置"Form(形状)"效果

01 在"项目"面板上单击鼠标右键,在弹出的菜单栏中选择"新建合成组"命令,如图 8-29 所示。

02 在打开的"图像合成设置"对话框中设置相应选项,如图8-30
所示。

图 8-29

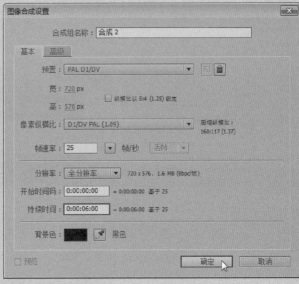

图 8-30

03 在"项目"面板上双击,在打开的"导入文件"对话框中
选择所需素材,如图8-31所示。

04 将05.png素材拖至"时间轴"面板中,设置其"缩放"属性,
如图8-32所示。

图 8-31

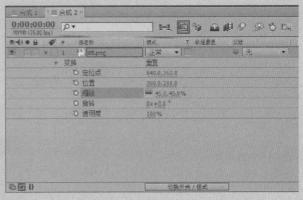

图 8-32

05 在"合成"窗口中预览效果,如图8-33所示。

06 将时间指示器拖至开始处,添加第一个关键帧,设置"缩放"
为0,"透明度"为0,如图8-34所示。在0:00:01:00处添加第
二个关键帧,设置"缩放"为45%,"透明度"为100%。

图 8-33

图 8-34

07 在"合成"窗口中预览效果，如图 8-35 所示。

图 8-35

08 右击"项目"面板，在弹出的菜单栏中选择"新建"|"固态层"
命令，如图 8-36 所示。

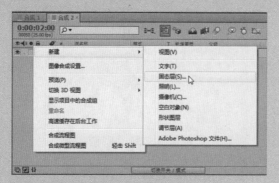

图 8-36

09 在打开的"图像合成设置"对话框中设置相关参数,如图 8-37 所示。

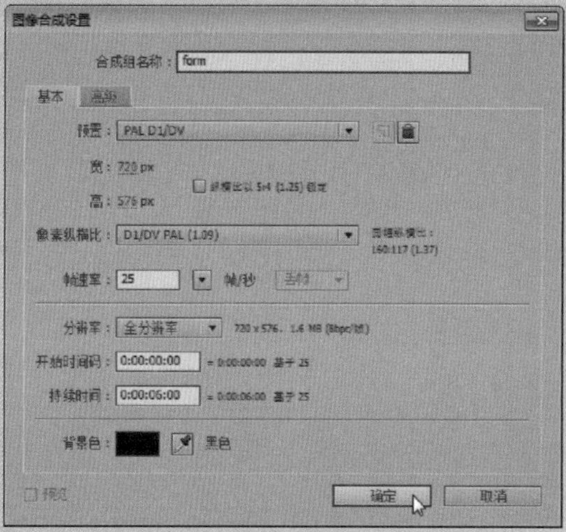

图 8-37

10 在"效果和预置"面板中展开 Trapcode,选择 Form 效果,将其添加到 Form 图层中,如图 8-38 所示。

图 8-38

11 在"特效控制台"面板中设置"Base Form（基础网格）"属性，如图 8-39 所示。

12 在"合成"窗口中预览效果，如图 8-40 所示。

图 8-39   图 8-40

13 在"特效控制台"面板上设置"Form（形状）"特效的"String Settings（串状设置）"属性，如图 8-41 所示。

14 在"合成"窗口中预览效果，如图 8-42 所示。

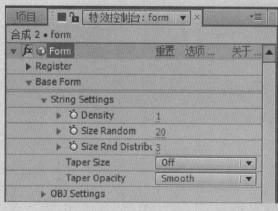

图 8-41   图 8-42

15 在"特效控制台"面板上设置"Form（形状）"特效的"Particle（粒子）"属性，如图 8-43 所示。

16 在"合成"窗口中预览效果，如图 8-44 所示。

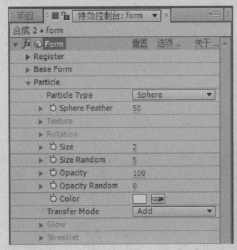

图 8-43

图 8-44

⑰ 在"特效控制台"面板上设置"Form（形状）"特效的"Fractal Field（分形场）"
属性，如图 8-45 所示。

⑱ 在"合成"窗口中预览效果，如图 8-46 所示。

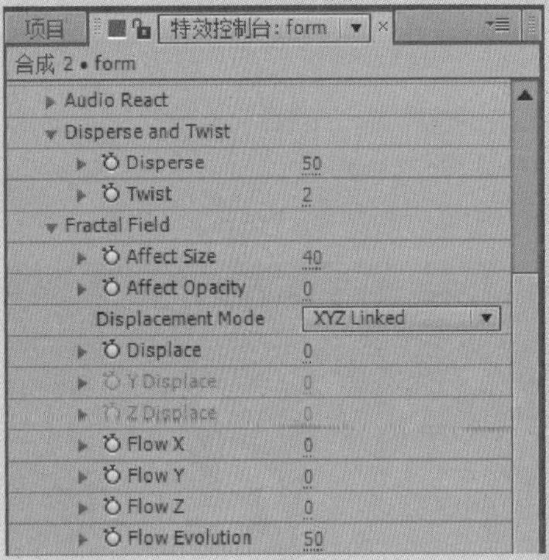

图 8-45

图 8-46

⑲ 选择 Form 图层，将时间指示器拖至开始处，添加第一个关键帧，设置"透明度"
为 0；在 0:00:02:00 处添加第二个关键帧，设置"透明度"为 100%；如图 8-47
所示。

⑳ 在"合成"窗口中预览效果，如图 8-48 所示。

图 8-47

图 8-48

4. 设置最终效果并保存项目

01 将"项目"面板中的"合成 2"拖至"合成 1"中，设置"空白 1""线条""粒子"和 Emitter 图层的时间长度，如图 8-49 所示。

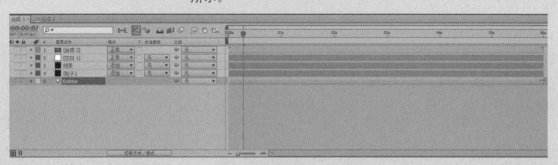

图 8-49

02 将"合成 2"的入点拖至 0:00:05:00 处，如图 8-50 所示。

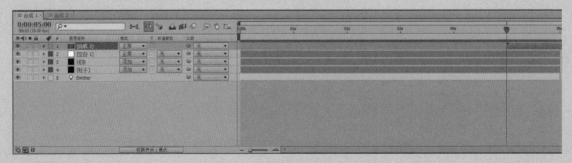

图 8-50

03 执行"文件"|"存储"命令，如图 8-51 所示。

04 在打开的"存储为"窗口中设置项目名称，如图 8-52 所示。

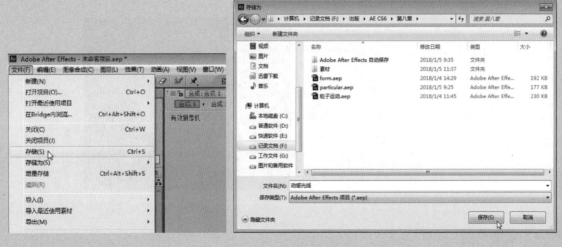

图 8-51   图 8-52

听我讲 LISTEN TO ME

8.1 "碎片"特效

"碎片"效果可以对图像进行粉碎和爆炸处理，并可以对爆炸的位置、力量和半径等参数进行控制。

选中图层，在"效果和预置"面板中展开"模拟仿真"，选择"碎片"效果，如图 8-53 所示；将效果添加到图层上，在"特效控制台"面板中设置其参数，如图 8-54 所示。

图 8-53

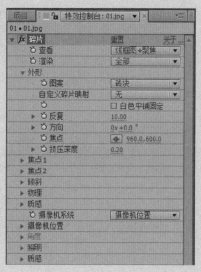

图 8-54

8.1.1 认识"碎片"特效

"碎片"效果除了可以对图像进行粉碎和爆炸处理，还可以自定义爆炸时产生的碎片形状。"碎片"特效的相关参数如图 8-55~ 图 8-57 所示。

- 查看：设置爆炸效果的显示方式。
- 渲染：设置显示的目标对象，包括全部、图层和碎片。
- 外形：设置碎片的形状及外观。

图案：设置爆炸碎片的图案。

自定义碎片映射：可以自定义设置碎片的形状。

白色平铺固定：勾选可以开启白色平铺的适配功能。

- 反复：设置碎片的重复数量。
- 方向：设置碎片产生时的方向。
- 焦点：设置碎片产生的焦点位置。
- 挤压深度：设置碎片的厚度。

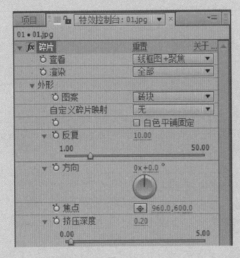

图 8-55

- 焦点：设置碎片间的焦点。

位置：设置力产生的位置。

深度：设置力的深度。

半径：设置力的半径大小。

强度：设置产生力的强度。

- 倾斜：设置碎片的倾斜程度。

碎片界限值：指定碎片的界限值。

倾斜图层：设置合成图像中的一个层作为爆炸层。

反转倾斜：反转爆炸层。

- 物理：设置碎片的物理属性。

旋转速度：设置爆炸产生的碎片的旋转速度。

滚动轴：设置爆炸产生的碎片如何翻转。

随机度：设置碎片飞散的随机值。

粘性：设置碎片的粘性。

变量：设置几种爆炸碎片的百分比。

重力：设置爆炸的重力。

重力方向：设置重力的方向。

重力倾斜：设置重力的倾斜度。

- 质感：设置碎片呈现的材质。

颜色：设置碎片的颜色。

透明度：设置碎片的透明度。

正面模式：设置碎片正面材质贴图的方式。

正面图层：选择一个图层作为碎片正面材质的贴图。

侧面模式：设置碎片侧面材质贴图的方式。

侧面图层：选择一个图层作为碎片侧面材质的贴图。

背面模式：设置碎片背面材质贴图的方式。

背面图层：选择一个图层作为碎片背面材质的贴图。

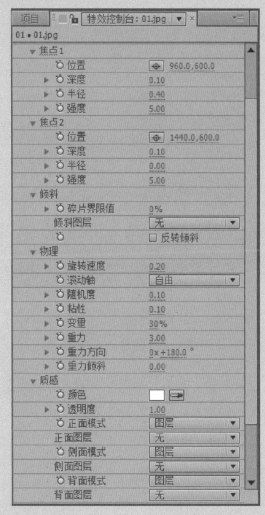

图 8-56

● 摄像机系统：用于设置爆炸特效的摄像机系统。

● 摄像机位置：设置摄像机的角度、位置、焦距等。

X,Y,Z 轴旋转：设置摄像机在 X,Y,Z 轴上的旋转角度。

X,Y,Z 位置：设置摄像机在 X,Y,Z 轴上的位置。

焦距：设置摄像机的焦距。

变换顺序：设置摄像机的变换顺序。

● **角度**：当选择 Corner Pins 作为摄像机系统时，可激活相关属性。

● **照明**：设置摄像机的照明。

灯光类型：设置使用灯光的方式。

照明强度：设置灯光照明强度。

照明色：设置灯光的颜色。

灯光位置：设置灯光光源在空间中 X,Y 轴的位置。

照明纵深：设置灯光在 Z 轴上的深度位置。

环境光：设置灯光在层中的环境光强度。

● **质感**：设置摄像机光的反射的强度。

漫反射：设置漫反射强度。

镜面反射：设置镜面反射强度。

高光锐度：设置高光锐化强度。

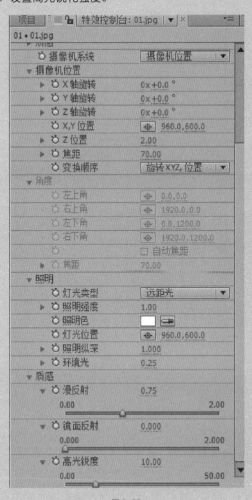

图 8-57

■ 8.1.2 "碎片"特效的应用

选中图层，在"效果和预置"面板中展开"模拟仿真"，选择"碎片"特效，在"特效控制台"面板中设置相应的"碎片"特效参数，如图8-58、图8-59所示。

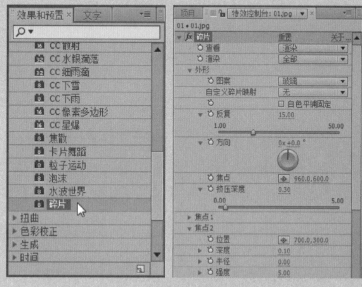

图 8-58   图 8-59

效果对比如图 8-60、图 8-61 所示。

图 8-60

图 8-61

8.2 "粒子运动"特效

"粒子运动"特效可以从物理学和数学上对各类自然效果进行描述，进而模拟各种符合自然规律的粒子运动效果。本节将详细讲解该特效的相关参数和应用。

■ 8.2.1 认识"粒子运动"特效

"粒子运动"特效可以通过物理设置和其他参数设置产生大量相似物体独立运动的效果，例如星星、下雪、下雨和喷泉等效果。"粒子运动"特效的相关参数，如图 8-62、图 8-63 所示。

● 发射：设置粒子发射的相关属性。

位置：设置粒子发射位置。

圆筒半径：设置发射半径。

粒子 / 秒：设置每秒粒子发出的数量。

方向：设置粒子发射的方向。

随机扩散方向：设置粒子发射方向的随机偏移方向。

速度：设置粒子发射速度。

随机扩散速度：设置粒子发射速度的随机变化。

颜色：设置粒子颜色。

粒子半径：设置粒子的半径大小。

● 栅格：设置在一组网格的交叉点处生成一个连续的粒子面。

位置：设置网格中心的坐标位置。

宽度：设置网格的宽度。

高度：设置网格的高度。

粒子交叉：设置网格区域中水平方向上分布的粒子数。

粒子下降：设置网格区域中垂直方向上分布的粒子数。

颜色：设置圆点或文本字符的颜色。

粒子半径：设置粒子的半径大小。

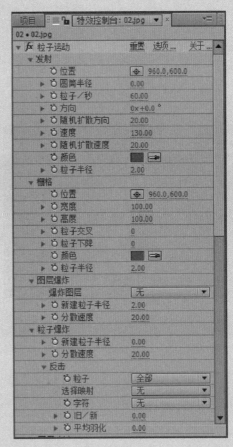

图 8-62

● **图层爆炸**：可以分裂一个层作为粒子，用来模拟爆炸效果。

爆炸图层：设置要爆炸的图层。

新建粒子半径：设置爆炸所产生的新粒子的半径。

分散速度：设置粒子分散的速度。

● **粒子爆炸**：可把一个粒子分裂成很多新的粒子，以迅速增
加粒子数量。

新建粒子半径：设置新粒子的半径。

分散速度：设置新粒子的分散速度。

反击：设置哪些粒子受影响。

● **图层映射**：设置合成图像中任意层作为粒子的贴图来替换
粒子。

使用图层：用来设置作为映像的层。

时间偏移类型：设置时间位移类型。

时间偏移：设置时间位移效果参数。

● **重力**：设置粒子的重力场。

力：设置粒子下降的重力大小。

随机扩散力：设置粒子向下降落的随机速率。

方向：默认180°，重力向下。

● **排斥**：设置粒子间的排斥力。

力：设置排斥力的大小。

力半径：设置粒子受到排斥的半径范围。

排斥物：设置哪些粒子作为一个粒子子集的排
斥源。

● **墙**：设置粒子的墙属性。

边界：设置一个封闭区域作为边界墙。

反击：设置哪些粒子受选项影响。

持续特性映射／短暂特性映射：设置持续性／
短暂性的属性映像器。

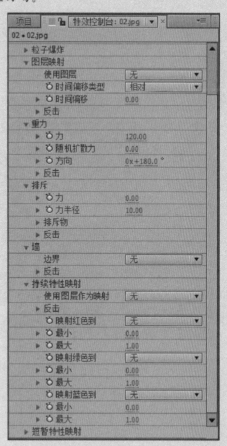

图 8-63

■ 8.2.2 "粒子动场" 特效的应用

选中图层，在"效果和预置"面板中展开"模拟仿真"，选择"粒子运动"特效，在"特效控制台"面板中设置相应的"粒子运动"特效参数，如图 8-64、图 8-65 所示。

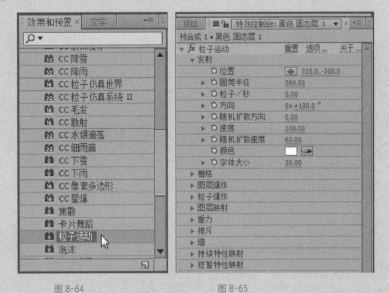

图 8-64   图 8-65

效果对比如图 8-66、图 8-67 所示。

图 8-66   图 8-67

8.3 "Particular（粒子）" 特效

"Particular（粒子）"特效是 Red Giant Trapcode 系列滤镜包中一款功能十分强大的三维粒子滤镜。下面将详细讲解该特效的相关参数和应用。

■ 8.3.1　认识"Particular（粒子）"特效

"Particular（粒子）"特效是一种三维的粒子系统，功能多样，能够制作出多种自然效果，如火、云、烟雾、烟花等，是一款强大的粒子效果。"Particular（粒子）"特效的相关参数如图 8-68~ 图 8-72 所示。

- Register（注册）：用来注册该插件。
- Emitter（发射器）：设置粒子产生的位置、粒子的初速度和粒子的初始发射方向。

Particles/sec（每秒发射粒子数）：用来设置每秒发射的粒子数。

Emitter Type（发射类型）：设置粒子发射的类型。

Position XY/Z（XY/Z 位置）：设置粒子发射在 XY/Z 轴上的位置。

Direction Spread（扩散）：设置粒子的扩散。

X/Y/Z Rotation（X/Y/Z 轴向旋转）：设置粒子发射器方向的旋转。

Velocity Random（随机速度）：设置速度的随机值。

Velocity from Motion（运动速度）：设置粒子运动的速度。

Emitter Size X/Y/Z（发射器在 X/Y/Z 轴上的大小）：设置发射器在 X/Y/Z 轴上的大小。

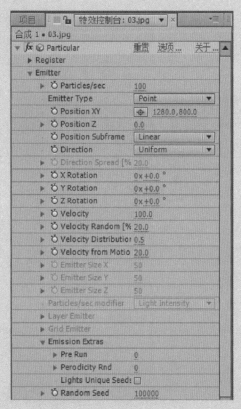

图 8-68

● Particle（粒子）：设置合成图像中任意层作为粒子的贴
图来替换粒子。

Life[sec]（生命周期）：设置粒子的生命周期。

Life Random（生命周期的随机性）：设置生命周期的随机性。

Particle Type（粒子类型）：设置粒子的类型。

Size（大小）：设置粒子的大小。

Size Random（大小随机值）：设置粒子大小的随机属性。

Size over Life（粒子死亡后的大小）：设置粒子死亡后的大小。

Opacity（不透明度）：设置粒子的不透明度。

Opacity Random（随机不透明度）：设置粒子随机的不透明度。

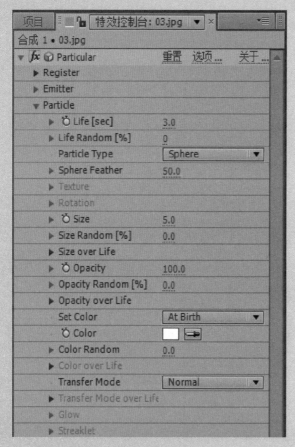

图 8-69

Opacity over Life（粒子死亡后的不透明度）：设置粒子死亡后的
不透明度。

Set Color（设置颜色）：设置颜色。

Transfer Mode（叠加模式）：设置粒子的叠加模式。

Transfer Mode over Life（粒子死亡之后的叠加模式）：设置粒子死亡后的合成模式。

Glow（辉光）：设置粒子产生的光晕。

Streaklet（烟雾型）：设置条纹状粒子。

- Shading（着色）：设置粒子与合成灯光的相互作用。
- Physics（物理性）：设置粒子在发射后的运动情况。

Physics Model（物理模式）：包括空气和弹跳两种模式。

Gravity（重力）：设置粒子受重力影响的状态。

Physics Time Factor（物理时间因数）：设置粒子运动的速度。

图 8-70

- Aux System（辅助系统）：设置辅助粒子系统的相关参数。

Emit（发射）：为 Off 时，Aux System（辅助系统）中参数无效。

Emit Probability[%]（发射的概率）：设置发射的概率大小。

Particles/Collision（粒子发射速率）：设置粒子发射的速率。

Life[sec]（粒子生命周期）：设置粒子的生命周期。

Type（类型）：设置 Aux 粒子的类型。

Velocity（初始速度）：初始化 Aux 粒子的速度。

Size（大小）：设置粒子的大小。

Size over Life（粒子死亡后的大小）：设置粒子死亡后的大小。

Opacity（不透明度）：设置粒子的不透明度。

Opacity over Life（粒子死亡后的不透明度）：设置粒子死亡后的不透明度。

Color over Life（颜色衰减）：设置粒子颜色的变化。

Color From Main[%]（颜色主要来源）设置 Aux System 粒子的颜色。

Gravity（重力）：设置重力影响。

Transfer Mode（叠加模式）：设置叠加模式。

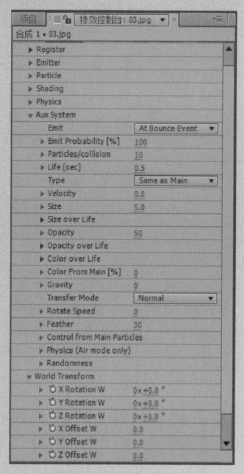

图 8-71

- World Transform（坐标空间变换）：设置视角的旋转和位
  移状态。
- Visibility（可视性）：设置粒子的可视性。
- Rendering（渲染）：设置渲染参数。

Render Mode（渲染模式）：设置渲染的方式。

Particle Amount（粒子数量）：设置粒子的数量。

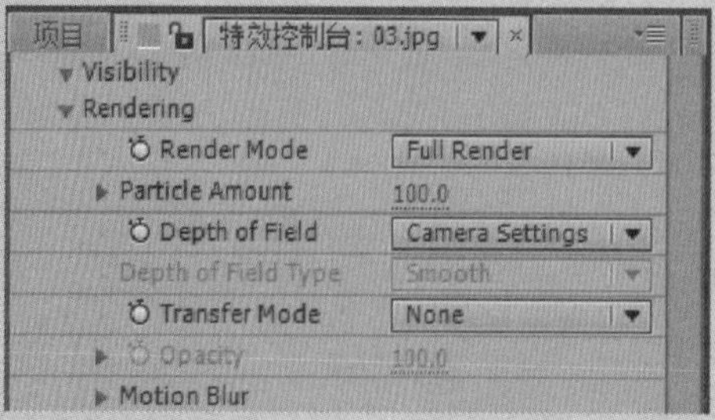

图 8-72

Depth of Field（景深）：设置景深。

Motion Blur（运动模糊）：使粒子运动更平滑。

■ 8.3.2 "Particulatr（粒子）"特效的应用

选中图层，在"效果和预置"面板中展开 Trapcode，选择 Particular 命令，如图 8-73 所示；在"特效控制台"面板中设置相应的 "Particular（粒子）"特效参数，如图 8-74 所示。

图 8-73

图 8-74

效果对比如图 8-75、图 8-76 所示。

图 8-75

图 8-76

8.4 "Form（形状）"特效

"Form（形状）"效果是 Trapcode 系列滤镜包中一款基于网格的三维粒子滤镜，但没有产生、生命周期和死亡等基本属性。本节将详细讲解该特效的相关参数和应用。

■ 8.4.1 认识"Form（形状）"特效

"Form（形状）"效果比较适合制作如流水、烟雾、火焰等复杂的 3D 集合图形，且内置音频分析器，能帮助用户轻松提取节奏频率等参数。"Form（形状）"特效的相关参数如图 8-77~ 图 8-82 所示。

● Register（注册）：用来注册该插件。

● Base Form（基础网格）：设置网格的属性。

Base Form（基础网格）：包括 4 种基础网格类型。

Size X/Y/Z（X/Y/Z 轴的大小）：设置网格的大小。

Particles in X/Y/Z（X/Y/Z 轴上的粒子）设置在 XYZ 轴上的粒子数量。

Center XY/Z（XY/Z 轴中心位置）：设置特效位置。

X/Y/Z Rotation（X/Y/Z 轴的旋转）：设置特效的旋转。

String Settings（线型设置）：只有选 Box-Strings（线型）时，该选项才可用。

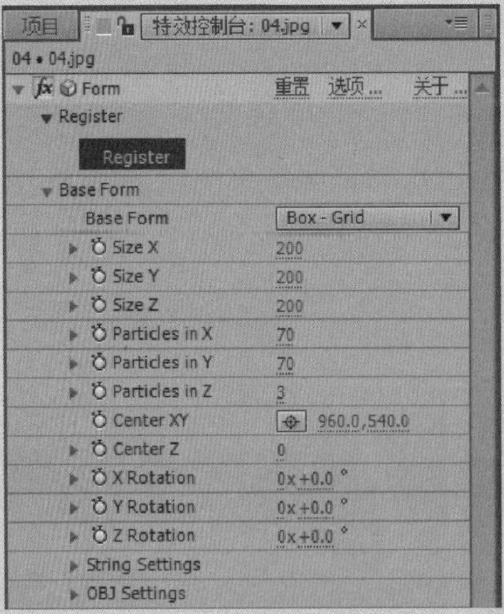

图 8-77

● Particle（粒子）：设置构成粒子形态的属性。

Particle Type（粒子类型）：包括 11 种粒子类型。

Sphere Feather（球体羽化）：设置粒子边缘的羽化程度。

Texture（纹理）：设置粒子的纹理属性。

Rotation（旋转）：设置粒子的旋转属性。

Size（大小）：设置粒子的大小。

Size Random（大小随机值）：设置粒子大小的随机属性。

图 8-78

Opacity（不透明度）：设置粒子的不透明度。

Opacity Random（随机不透明度）：设置粒子随机的不透明度。

Color（颜色）：设置粒子的颜色。

Transfer Mode（叠加模式）：设置粒子的叠加模式。

Glow（辉光）：设置粒子产生的光晕。

Streaklet（烟雾型）：设置烟雾型的属性。

● Shading（着色）：设置粒子与合成灯光的相互作用。

Shading（着色）：开启着色功能。

Light Falloff（灯光衰减）：设置灯光的衰减。

Nominal Distance（距离）：设置距离。

Ambient（环境色）：设置环境色。

Diffuse（漫反射）：设置漫反射属性。

Specular Amount（高光的强度）：设置粒子的高光强度。

Specular Sharpness（高光锐化）：设置粒子的高光锐化。

Reflection Map（反射贴图）：设置粒子的反射贴图。

Reflection Strength（反射强度）：设置粒子的反射强度。

Shadowlet（阴影）：设置粒子阴影。

Shadowlet Settings（阴影设置）：调整粒子的阴影设置。

● Quick Maps（快速映射）：快速改变粒子网格的状态。

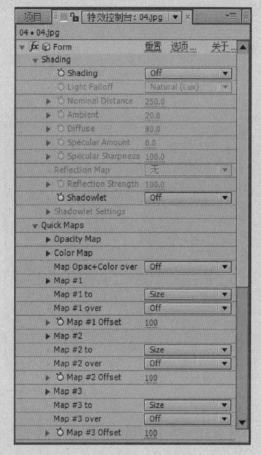

图 8-79

Opacity Map（不透明度映射）：定义透明区域和颜色贴图的 Alpha 通道。

Color Map（颜色映射）：设置透明通道和颜色贴图的 RGB 颜色值。

Map Opac+Color over（映射不透明和颜色）：定义贴图的方向，包括 5 种。

Map#1/ Map#2/ Map#3（映射 #1/2/3）：设置贴图可以控制的参数数量。

● Layer Maps（图层映射）：通过其他图层的像素信息来控制粒子网格的变化。

Color and Alpha（颜色和通道）：控制粒子网格的颜色和 Alpha 通道。

Displacement（置换）：设置粒子置换。

Size（大小）：改变粒子大小。

Fractal Strength（分形强度）：定义粒子躁动的范围。

Rotate（旋转）：控制粒子的旋转参考。

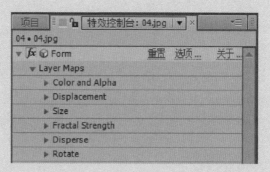

图 8-80

● Audio React（音频反应）：利用声音轨道控制粒子网格。

Audio Layer（音频图层）：选择一个声音图层作为取样的源文件。

Reactor1/2/3/4/5（反应器 1/2/3/4/5）：设置反应器的控制参数。

● Disperse and Twist（分散和扭曲）：在三维空间中控制粒子网格的离散及扭曲效果。

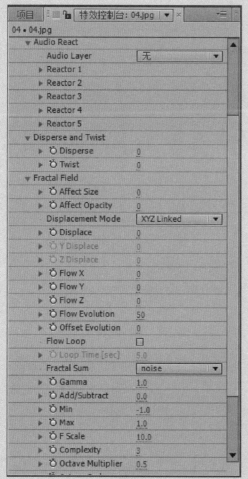

图 8-81

Disperse（分散）：为每个粒子的位置增加随机值。

Twist（扭曲）：围绕 X 轴对粒子网格进行扭曲。

● Fractal Field（分形场）：根据时间变化产生类似分形噪波的变化。

Affect Size（影响大小）：设置噪波影响粒子大小的程度。

Affect Opacity（影响不透明度）：设置噪波影响粒子不透明度的程度。

Displacement Mode（置换模式）：设置噪波的置换模式。

Displace（置换）：设置置换的强度。

Y/Z Displace（Y/Z 置换）：设置 Y/Z 轴上粒子的偏移量。

Flow X/Y/Z（流动 X/Y/Z）：设置每个轴向的粒子偏移速度。

Flow Evolution（流动演变）：设置噪波场随机运动的速度。

Offset Evolution（偏移演变）：设置随机噪波的随机值。

Flow Loop（循环流动）：设置在一定时间内可循环次数。

Loop Time（循环时间）：设置重复的时间量。

Fractal Sum（分形和）：包括 Noise（噪波）

和 abs（noise）（abs 噪波）。

Gamma（伽马）：设置噪波的伽马值。

Add/Subtract（相加 / 相减）：改变噪波大小值。

Min/Max（最小 / 最大）：设置最小 / 最大的噪波值。

F Scale（F 缩放）：设置噪波的尺寸。

Complexity（复杂度）：设置 Perlin（波浪）噪波函数的噪波层数值。

Octave Multiplier（8 倍增加）：设置噪波图层的凹凸强度。

Octave Scale（8 倍缩放）：设置噪波图层的噪波尺寸。

● Spherical Field（球形场）：设置噪波受球形力场的影响。

Sphere 1/2（球形 1/2）：设置两个球形场的参数。

● Kaleidospace（Kaleido 空间）：设置粒子网格在三维空间中
的对称性。

Mirror Mode（镜像模式）：设置镜像的对称轴。

Behaviour（行为）：设置对称的方式。

Center XY（XY 中心）：设置对称的中心。

● World Transform（坐标空间变换）：设置已有粒子场的参数。

X/Y/Z Rotation（X/Y/Z 轴旋转）：设置粒子场的旋转。

Scale（缩放）：设置粒子场的缩放。

X/Y/Z Offset（X/Y/Z 轴偏移）：设置粒子场的偏移。

● Visibility（可见性）：设置粒子的可视性。

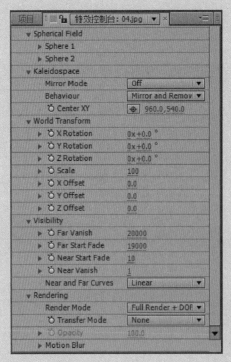

图 8-82

● Rendering（渲染）：设置渲染的方式、摄像机景深以及运动模糊等效果。

■ 8.4.2 "Form（形状）"特效的应用

选中图层，在"效果和预置"面板中展开Trapcode，选择Form命令，如图8-83所示；在"特效控制台"面板中设置相应的"Form（形状）"特效参数，如图8-84所示。

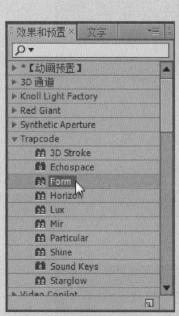

图 8-83

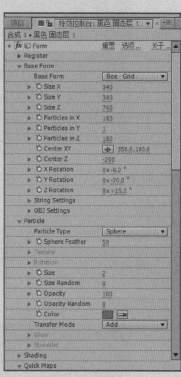

图 8-84

效果对比如图8-85、图8-86所示。

图 8-85

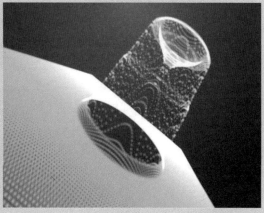

图 8-86

自己练 PRACTICE YOURSELF

■ 1. 设置下雨效果

制作如图 8-87 所示的下雨效果图。

图 8-87

操作要点

01 掌握"粒子效果"的几种不同效果；

02 执行"效果"|"模拟仿真"命令，选择"CC下雨"效果；

03 在"特效控制台"面板中设置"CC下雨"效果，调整相应参数。

■ 2. 添加"CC星爆"效果

制作如图 8-88 所示的"CC星爆"效果图。

图 8-88

操作要点

01 掌握"粒子效果"的几种不同效果；

02 执行"效果"|"模拟仿真"命令，选择"CC星爆"效果；

03 在"特效控制台"面板中设置"CC星爆"效果，调整相应参数。

CHAPTER 09

制作动感光线效果——
光效滤镜详解

本章概述 SUMMARY

光效的制作和表现是影视后期合成中永恒的主题，在很多影视特效及电视包装作品中都能看到光效的应用，尤其是一些炫彩的光线特效，其在烘托镜头气氛、丰富画面细节等方面都起着非常重要的作用。本章将详细介绍光效滤镜应用以及制作各种光线特效的技巧。

■ 核心知识点

光效的基本知识　　　　★☆☆
基础光效滤镜效果　　　★★☆
熟练掌握并应用光效　　★★★

滤镜应用　　　　　　　　　　　　　　滤镜效果

跟我学　LEARN
WITH ME

■ 制作动感光线效果

案例描述：利用 After Effects CS6 可以制作出绚烂多彩的光效，利用光
效插件能够更好地展现特效。本案例主要学习使用"Shine"效果来制
作动感光线效果。

实现过程

1. 新建合成并新建文字层

01 在"项目"面板上单击鼠标右键，在弹出的菜单栏中选择"新
建合成组"，如图 9-1 所示。

02 在打开的"图像合成设置"对话框中设置相应选项，如图 9-2
所示。

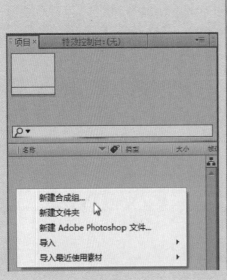

图 9-1

图 9-2

03 在"时间轴"面板中执行"新建"|"文字"命令，如图 9-3
所示。

04 新建一个文字层，并在"合成"面板中输入"dynamic
light"，如图 9-4 所示。

制作动感光线效果——光效滤镜详解

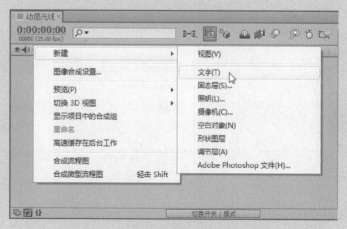

图 9-3

图 9-4

05 设置文字层的相关属性参数，如图 9-5 所示。

06 在"合成"窗口中预览效果，如图 9-6 所示。

图 9-5

图 9-6

01 选中文字图层，在"效果和预置"面板中展开"透视"，选择"斜面 Alpha"滤镜，为图层添加"斜面 Alpha"效果，如图 9-7 所示。

02 在"特效控制台"面板中设置"斜面 Alpha"滤镜的参数，如图 9-8 所示。

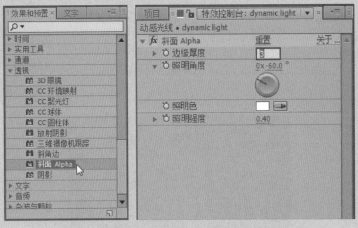

图 9-7　　　　　　　　　　图 9-8

03 在"合成"窗口中预览效果，如图 9-9 所示。

图 9-9

04 选择文字图层，执行"图层"|"预合成"命令，如图 9-10 所示。

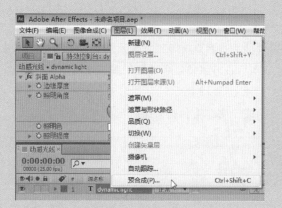

图 9-10

05 在打开的"预合成"对话框中设置相关参数,单击"确定"按钮,如图 9-11 所示。

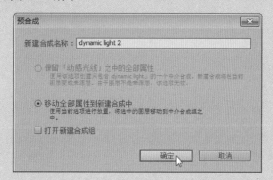

图 9-11

06 将时间指示器拖至开始处,给"dynamic light 2"图层添加第一个关键帧,设置"缩放"为 0,"旋转"为 0x+0°,如图 9-12 所示。

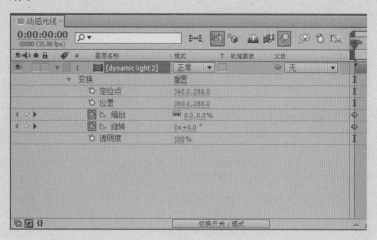

图 9-12

3. 设置关键帧动画

01 用同样的方法在 0:00:02:00 处添加第二个关键帧，设置"缩放"为 100%；在 0:00:04:00 处添加第三个关键帧，设置"旋转"为 2x+0°，如图 9-13 所示。

02 在"合成"窗口中预览效果，如图 9-14 所示。

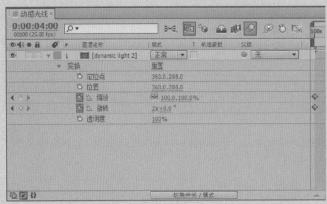

图 9-13   图 9-14

03 在"时间轴"面板中激活"运动模糊"功能，如图 9-15 所示。

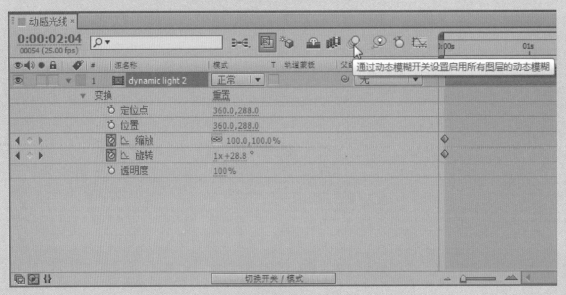

图 9-15

04 在"合成"窗口中预览效果，如图 9-16 所示。

05 在"项目"面板中选择"dynamic light 2"合成，并复制出 8 个，如图 9-17 所示。

图 9-16   图 9-17

06 将复制好的合成拖至"时间轴"面板中，如图 9-18 所示。

图 9-18

07 用同样的方法在开始处给"dynamic light 3"图层添加第一个关键帧，设置"缩放"为 0，"旋转"为 0x+0°；在 0:00:02:00 处添加第二个关键帧，设置"缩放"为 100%；在 0:00:04:00 处添加第三个关键帧，设置"旋转"为 2x+0°，并设置文字颜色，如图 9-19 所示。

08 在"合成"窗口中预览效果，如图 9-20 所示。

图 9-19

图 9-20

09 用同样的方法在开始处给 "dynamic light 4" 图层添加第一个关键帧，设置 "缩放" 为 0，"旋转" 为 0x+0°；在 0:00:02:00 处添加第二个关键帧，设置 "缩放" 为 100%；在 0:00:04:00 处添加第三个关键帧，设置 "旋转" 为 2x+0°，并设置文字颜色，如图 9-21 所示。

10 在 "合成" 窗口中预览效果，如图 9-22 所示。

图 9-21

图 9-22

11 用同样的方法在开始处给 "dynamic light 5" 图层添加第一个关键帧，设置 "缩放" 为 0，"旋转" 为 0x+0°；在 0:00:02:00 处添加第二个关键帧，设置 "缩放" 为 100%；在 0:00:04:00 处添加第三个关键帧，设置 "旋转" 为 2x+0°，并设置文字颜色，如图 9-23 所示。

12 在 "合成" 窗口中预览效果，如图 9-24 所示。

图 9-23

图 9-24

13 用同样的方法在开始处给 "dynamic light 6" 图层添加第一个关键帧，设置 "缩放" 为 0，"旋转" 为 0x+0°；在 0:00:02:00 处添加第二个关键帧，设置 "缩放" 为 100%；在 0:00:04:00 处添加第三个关键帧，设置 "旋转" 为 2x+0°，并设置文字颜色，如图 9-25 所示。

图 9-25

14 在 "合成" 窗口中预览效果，如图 9-26 所示。

图 9-26

15 用同样的方法在开始处给"dynamic light 7"图层添加第一个关键帧,设置"缩放"为 0,"旋转"为 0x+0°;在 0:00:02:00 处添加第二个关键帧,设置"缩放"为 100%;在 0:00:04:00 处添加第三个关键帧,设置"旋转"为 2x+0°,并设置文字颜色,如图 9-27 所示。

图 9-27

16 在"合成"窗口中预览效果,如图 9-28 所示。

图 9-28

17 用同样的方法在开始处给"dynamic light 8"图层添加第一个关键帧，设置"缩放"为0，"旋转"为0x+0°；在0:00:02:00处添加第二个关键帧，设置"缩放"为100%；在0:00:04:00处添加第三个关键帧，设置"旋转"为2x+0°，并设置文字颜色，如图9-29所示。

18 在"合成"窗口中预览效果，如图9-30所示。

图 9-29   图 9-30

19 用同样的方法在开始处给"dynamic light 9"图层添加第一个关键帧，设置"缩放"为0，"旋转"为0x+0°；在0:00:02:00处添加第二个关键帧，设置"缩放"为100%；在0:00:04:00处添加第三个关键帧，设置"旋转"为2x+0°，并设置文字颜色，如图9-31所示。

20 在"合成"窗口中预览效果，如图9-32所示。

图 9-31   图 9-32

21 用同样的方法在开始处给"dynamic light 10"图层添加第一个关键帧，设置"缩放"为0，"旋转"为0x+0°；在0:00:02:00处添加第二个关键帧，设置"缩放"为100%；在0:00:04:00处添加第三个关键帧，设置"旋转"为2x+0°，并设置文字颜色，如图9-33所示。

22 在"合成"窗口中预览效果，如图9-34所示。

图 9-33 图 9-34

㉓ 调整 "时间轴" 面板中图层的入点时间, 依次向后延迟 1 帧,
如图 9-35 所示。

㉔ 在 "合成" 窗口中预览效果, 如图 9-36 所示。

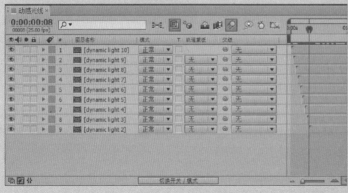

图 9-35 图 9-36

4. 设置最终效果

① 在 "项目" 面板中单击鼠
标右键, 选择 "新建合成组"
命令, 如图 9-37 所示。

图 9-37

02 在打开的"图像合成设置"对话框中设置相关参数,如图 9-38 所示。

图 9-38

03 在"时间轴"面板中单击鼠标右键,在弹出的菜单栏中选择"新建"|"固态层"命令,如图 9-39 所示。

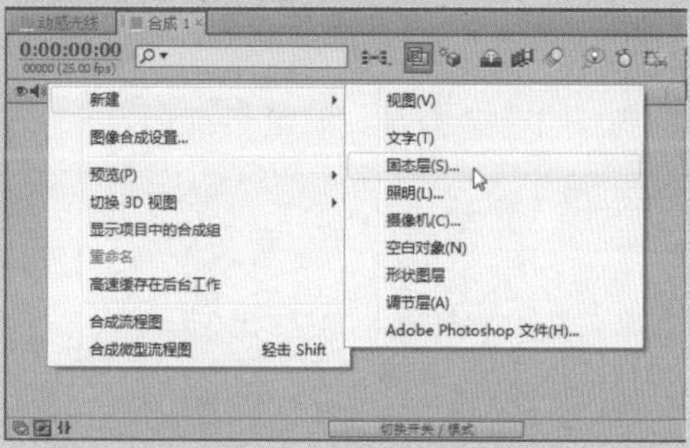

图 9-39

04 在打开的"固态层设置"对话框中设置相关参数,如图 9-40 所示。

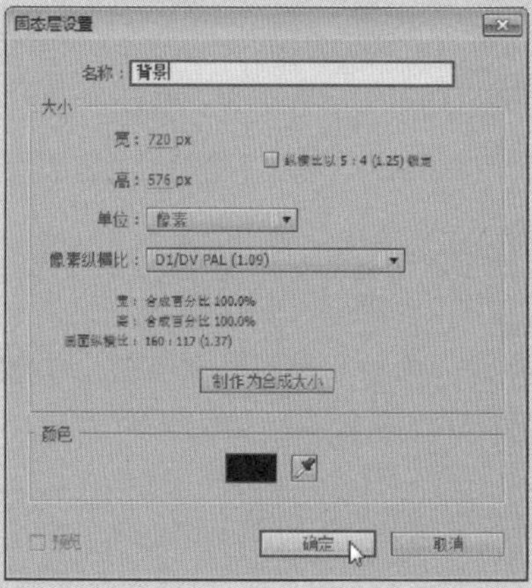

图 9-40

05 将"项目"面板中的"动感光线"合成拖至"时间轴"面板中，如图 9-41 所示。

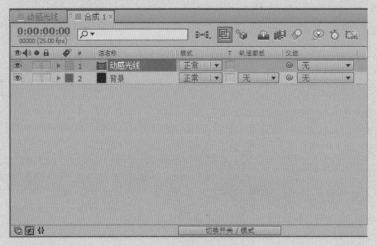

图 9-41

06 在"效果和预置"面板中展开"生成"，选择"渐变"效果，添加到"动感光线"层上，如图 9-42 所示。

07 在"特效控制台"面板中设置相关参数，如图 9-43 所示。

08 在"合成"窗口中预览效果，如图 9-44 所示。

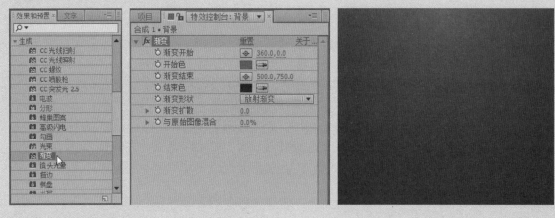

图 9-42   图 9-43   图 9-44

09 在"效果和预置"面板中展开 Trapcode，选择 Shine 效果，添加到"动感光线"层上，如图 9-45 所示。

10 在"特效控制台"面板中设置相关参数，如图 9-46 所示。

11 在"合成"窗口中预览效果，如图 9-47 所示。

图 9-45

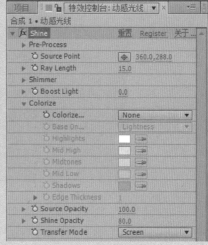

图 9-46

图 9-47

12 将时间指示器拖至 0:00:04:10 处，给"动感光线"图层添加第一个关键帧，设置"Ray Length（光线发射长度）"为 15；在 0:00:04:20 处添加第二个关键帧，设置"Ray Length（光线发射长度）"为 1，如图 9-48 所示。

图 9-48

13 在"合成"窗口中预览效果，如图 9-49 所示。

图 9-49

14 将时间指示器拖至 0:00:04:24 处，给"动感光线"图层添加第一个关键帧，设置"Ray Length（光线发射长度）"为 0；在 0:00:05:10 处添加第二个关键帧，设置"Ray Length（光线发射长度）"为 30，如图 9-50 所示。

图 9-50

15 在"合成"窗口中预览效果，如图 9-51 所示。

图 9-51

制作动感光线效果——光效滤镜详解

16 在"效果和预置"面板中展开"透视",选择"阴影"效果,添加到"动感光线"层上,如图 9-52 所示。

17 在"特效控制台"面板中设置相关参数,如图 9-53 所示。

18 在"合成"窗口中预览效果,如图 9-54 所示。

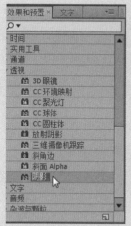

图 9-52

图 9-53

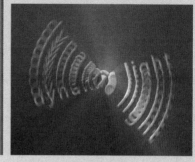

图 9-54

19 将时间指示器拖至 0:00:06:00 处,给"动感光线"图层添加第一个关键帧,设置"方向"为 0x-90°;在 0:00:06:10 处添加第二个关键帧,设置"方向"为 0x-90°,如图 9-55 所示。

20 在"合成"窗口中预览效果,如图 9-56 所示。

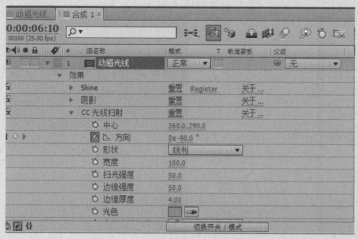

图 9-55

图 9-56

5. 保存项目文件

01 执行"文件"|"存储"命令,如图 9-57 所示。

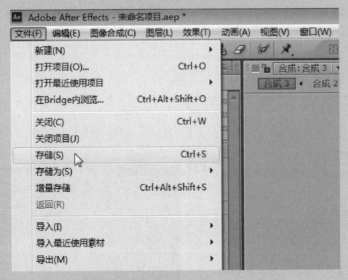

图 9-57

02 在打开的"存储为"窗口中设置项目名称，如图 9-58 所示。

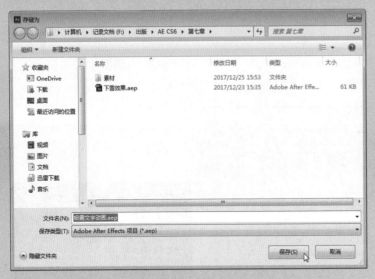

图 9-58

听我讲 LISTEN TO ME

9.1 认识光效

　　发光效果是各种影视节目中常用的效果之一，例如发光的文字或图案等。发光效果能够在较短的时间内形成强烈的视觉冲击力，从而令人印象深刻。在 After Effects CS6 中，可以利用相关的效果对素材进行相应的光效制作。常用的光效包括"Light Factory(灯光工厂)""Optical Flare（光学耀斑）""Shine（扫光）"以及"3D Stroke（SD 描边）"滤镜效果，如图 9-59 所示。

图 9-59

9.2 "Light Factory（灯光工厂）"滤镜

"Light Factory（灯光工厂）"滤镜是一款非常强大的灯光特效制作滤镜，各种常见的镜头耀斑、眩光、日光、舞台光等都可以用其来制作，本节将详细讲解其基础知识及使用方法。

■ 9.2.1 "Light Factory（灯光工厂）"滤镜基础

Light Factory（灯光工厂）可以说是 After Effects CS6 中内置的"镜头光晕"滤镜的加强版，是一款非常经典的灯光插件，其各项属性参数包括：

- 注册：注册插件。
- 位置：用来设置灯光的位置。

光源位置：用来设置灯光的位置。

使用灯光：勾选该项后，将会启用合成中的灯光进行照射。

光源命名：指定合成中参与照射的灯光。

定位图层：指定某一个图层发光。

- 遮蔽：在光源从某个物体后面发射出来时，该选项起作用。

遮蔽类型：下拉列表中可以选择不同的遮蔽类型。

遮蔽图层：指定遮蔽的图层。

来源大小：设置光源的大小变化。

阈值：设置光源的容差值。

- 镜头：设置镜头的相关属性。

亮度：设置灯光的亮度值。

使用灯光强度：使用合成中灯光的强度来控制灯光的亮度。

比例：用来设置光源的大小变化。

颜色：设置光源的颜色。

角度：设置灯光照射的角度。

- 行为：设置灯光的行为方式。
- 边缘反应：设置灯光边缘的属性。
- 渲染：设置是否将合成背景中的黑色透明化。

■ 9.2.2 "Light Factory（灯光工厂）"滤镜应用

选中图层，在"效果和预置"面板中展开 Knoll Light Factory，选择 Light Factory 滤镜，如图 9-60 所示；在"特效控制台"面板中设置相应参数，如图 9-61 所示。

效果对比如图 9-62、图 9-63 所示。

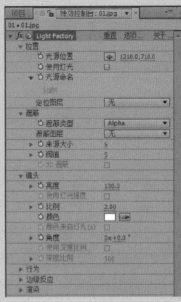

图 9-60   图 9-61

图 9-62   图 9-63

9.3　"Shine（扫光）"滤镜

　　"Shine（扫光）"滤镜是 Trapcode 公司开发的一款快速扫光插件，该插件为用户制作片头和特效带来了极大的便利，本节将详细讲解其基础知识以及使用方法。

■ 9.3.1　"Shine（扫光）"滤镜基础

　　利用"Shine（扫光）"滤镜可以制作出逼真的扫光效果，其各项属性参数包括：

　　● Pre—Process（预处理）：在应用 Shine（扫光）滤镜之前需要设置的功能参数。

- Threshold（阈值）：分离 Shine（扫光）所能发生作用的区域，不同的阈值可以产生不同的光束效果。
- Use Mask（使用遮罩）：设置是否使用遮罩效果。
- Source Point（发光点）：发光的基点，产生的光线以此为中心向四周发射。
- Ray Length（光线发射长度）：设置光线的长短，数值越大，光线越长。
- Shimmer（微光）：设置光效的细节。
- Amount（数量）：设置微光的影响程度。
- Detail（细节）：设置微光的细节。
- Source Point affects Shimmer（光束影响）：光束中心对微光是否发生作用。
- Boost Light（光线亮度）：设置光线的高亮程度。
- Colorize（颜色）：设置光线的颜色。
- Base On：决定输入通道，共有 7 种模式：Lightness（明度），Luminance（亮度），Alpha（通道），Alpha Edges（Alpha 通道边缘），Red（红色），Green（绿色）和 Blue（蓝色）。
- Source Opacity（源素材不透明度）：设置源素材的不透明程度。
- Transfer Mode（叠加模式）：设置图层的叠加模式。

■ 9.3.2 "Shine（扫光）"滤镜应用

选中图层，在"效果和预置"面板中展开 Trapcode，选择 Shine 滤镜，如图 9-64 所示；在"特效控制台"面板中设置相关参数，如图 9-65 所示。

图 9-64

项目　┃ ┃ ┃ 特效控制台: 02.jpg ▼ × ｜ ▼ ≡

02 • 02.jpg

▼ *fx* Shine　　　　　　重置　Register　关于...

　▼ Pre-Process

　　▶ Threshold　　　　　100.0

　　　Use Mask　　　　　☐

　　▶ Mask Radius　　　　100.0

　　▶ Mask Feather　　　　50.0

　　　Source Point　　　　✛ 840.0, 20.0

　▶ Ray Length　　　　　4.0

　▼ Shimmer

　　▶ Amount　　　　　　300.0

　　▶ Detail　　　　　　50.0

　　　Source Point affects ☐

　　▶ Radius　　　　　　30.0

　　　Reduce flickering　☐

　　▶ Phase　　　　　　0x +0.0 °

　　　Use Loop　　　　　☐

　　▶ Revolutions in Loop 1

　▶ Boost Light　　　　0.0

　▼ Colorize

　　　Colorize...　　　　None　　　　▼

　　　Base On...　　　　Lightness　　▼

　　　Highlights　　　　☐ ➡

　　　Mid High　　　　　☐ ➡

　　　Midtones　　　　　☐ ➡

　　　Mid Low　　　　　☐ ➡

　　　Shadows　　　　　☐ ➡

　　▶ Edge Thickness　　1

　▶ Source Opacity　　100.0

　▶ Shine Opacity　　　100.0

　　Transfer Mode　　　Add　　　　▼

图 9-65

效果对比如图 9-66、图 9-67 所示。

图 9-66　　　　　　　　　　　　　　　　图 9-67

9.4　"Starglow（星光闪耀）"滤镜

　　"Starglow（星光闪耀）"滤镜是 Trapcode 公司为 After Effects 提供的星光特效插件，本节将讲解其基础知识以及使用方法。

■ 9.4.1 "Starglow（星光闪耀）"滤镜基础

"Starglow（星光闪耀）"滤镜是一个根据源图像的高光部分建立星光闪耀效果的特效滤镜，其各项属性参数包括：

- Preset（预设）：该滤镜预设了29种不同的星光闪耀特效。
- Input Channel（输入通道）：选择特效基于的通道，包括：Lightness（明度），Luminance（亮度），Red（红色），Green（绿色），Blue（蓝色）和Alpha等通道类型。
- Pre-Process（预处理）：在应用Starglow（星光闪耀）滤镜之前需要设置的功能参数。
- Threshold（阈值）：定义产生星光特效的最小亮度值。
- Threshold Soft（区域柔化）：柔和高亮和低亮区域之间的边缘。
- Use Mask（使用遮罩）：选择这个选项可以使用一个内置的圆形遮罩。
- Streak Length（光线长度）：调整星光的散射长度。
- Boost Light（星光亮度）：调整星光的亮度。
- Individual Lengths（单独光线长度）：调整每个方向的光晕大小。
- Individual Colors（单独光线颜色）：设置每个方向的颜色贴图。
- Shimmer（微光）：控制星光效果的细节部分。
- Amount（数量）：设置微光的影响程度。
- Detail（细节）：设置微光的细节。
- Phase（相位）：设置微光的当前相位。
- Source Opacity（源素材不透明度）：设置源素材的不透明度。
- Starglow Opacity（星光特效透明度）：设置星光特效的透明度。
- Transfer Mode（叠加模式）：设置星光闪耀滤镜和源素材的画面叠加模式。

■ 9.4.2 "Starglow（星光闪耀）"滤镜应用

选中图层，在"效果和预置"面板中展开Trapcode，选择Starglow滤镜，如图9-68所示；在"特效控制台"面板中设置相关参数，如图9-69所示。

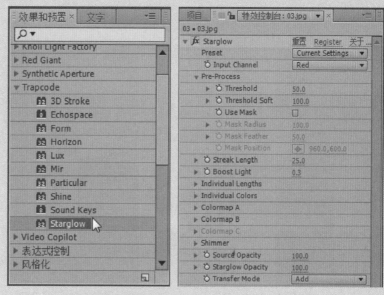

图 9-68   图 9-69

应用效果对比如图 9-70、图 9-71 所示。

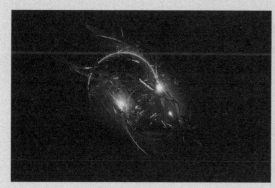

图 9-70

图 9-71

自己练 PRACTICE YOURSELF

■ 1. 制作日照效果

图 9-72

操作要点

01 掌握光效的几种不同效果；

02 执行"效果"|"生成"命令，选择"镜头光晕"效果；

03 在"特效控制台"面板中设置"镜头光晕"效果，并设置关键帧动画。

■ 2. 制作流动光线

图 9-73

操作要点

01 掌握光效的几种不同效果；

02 了解"勾画""辉光""渐变"以及"紊乱置换"等效果的应用；

03 设置效果参数并设置关键帧动画。

CHAPTER 10

综合案例——
制作水墨动画效果

本章概述 SUMMARY

在影视制作过程中，会利用After Efftecs CS6制作复杂的合成素材，从而实现更好的视觉效果。水墨动画效果在影视特效中是经常出现的，本案例将介绍水墨动画效果的制作，以更好地掌握遮罩动画、CC玻璃以及关键帧动画特效的综合应用。

■ 核心知识点

遮罩动画效果	★☆☆
关键帧动画的应用	★☆☆
风格化滤镜的设置和应用	★★☆
色彩校正滤镜的设置和应用	★★★

10.1 项目准备

　　下面对该项目的创建准备工作进行介绍，包括素材的导入、图层的创建等。

1. 新建合成并导入素材

01 在"项目"面板上单击鼠标右键，在弹出的菜单栏中选择"新建合成组"命令，如图 10-1 所示。

02 在打开的"图像合成设置"对话框中设置相应选项，如图 10-2 所示。

图 10-1

图 10-2

03 执行"文件"|"导入"|"文件"命令，或按 Ctrl+I 组合键，如图 10-3 所示。

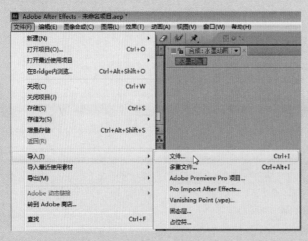

图 10-3

04 在打开的"导入文件"对话框中选择需要导入的文件，如图 10-4 所示。

图 10-4

2. 新建图层并设置遮罩动画

01 在"时间轴"面板中单击鼠标右键，在弹出的菜单栏中选择"新建"|"固态层"命令，如图 10-5 所示。

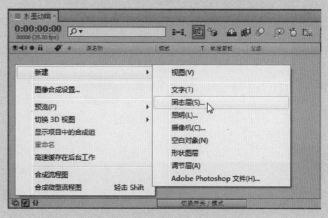

图 10-5

02 在打开的"固态层设置"对话框中设置相关参数，如图 10-6 所示。

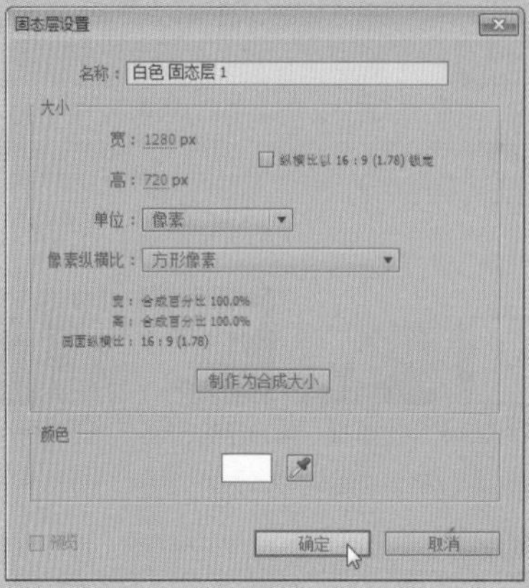

图 10-6

03 将"项目"面板中的"Ink.mov"素材拖至"时间轴"面板
最上方,设置"缩放"为 50%,如图 10-7 所示。

图 10-7

04 在"合成"窗口中预览效果,如图 10-8 所示。

图 10-8

05 选中"Ink.mov"层,在"工具栏"面板中单击"矩形遮罩工具"
图标,如图 10-9 所示。

06 在"合成"面板上绘制一个矩形遮罩，如图 10-10 所示。

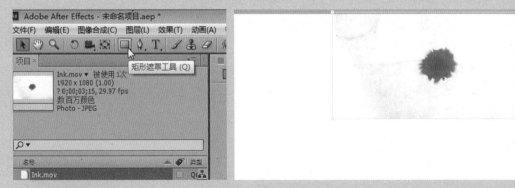

图 10-9　　　　　　　　　　　　　　　　　　图 10-10

07 展开"遮罩"属性，设置"遮罩羽化"为 130，如图 10-11 所示。

08 在"合成"窗口中预览效果，如图 10-12 所示。

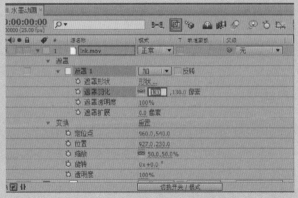

图 10-11　　　　　　　　　　　　　　　　　　图 10-12

09 选中"Ink.mov"层，单击鼠标右键，在弹出的菜单栏中选择"时间"|"时间伸缩"命令，如图 10-13 所示。

10 在打开的"时间伸缩"对话框中设置相关参数，如图 10-14 所示。

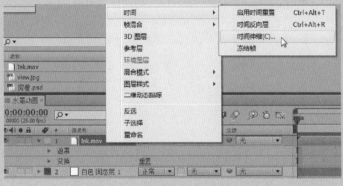

图 10-13　　　　　　　　　　　　　　　　　　图 10-14

⑪ 将时间指示器拖至 0:00:04:20 处，为"Ink.mov"添加第一个关键帧，设置"透明度"为 100%；在 0:00:05:09 处，为"Ink.mov"添加第二个关键帧，设置"透明度"为 0，如图 10-15 所示。

⑫ 在"合成"窗口中预览效果，如图 10-16 所示。

图 10-15

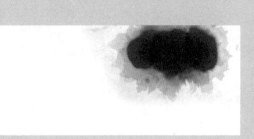

图 10-16

10.2　动画效果的制作

本节将讲解水墨动画中各种效果如何实现。

■ 10.2.1　设置房檐效果

① 将"房檐 .psd"素材拖至"时间轴"面板最上层，并设置相关参数，如图 10-17 所示。

图 10-17

② 在"合成"窗口中预览效果，如图 10-18 所示。

图 10-18

03 将时间指示器拖至开始处，为"房檐.psd"添加第一个关键帧，设置"位置"为 190，590，透明度为 100%，如图 10-19 所示。

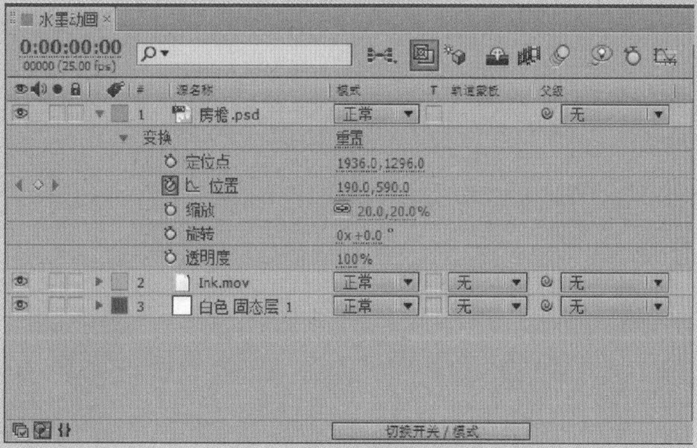

图 10-19

04 将时间指示器拖至 0:00:01:00 处，添加第二个关键帧，设置"缩放"为 20%，"透明度"为 100%，如图 10-20 所示。

图 10-20

05 将时间指示器拖至 0:00:04:00 处，添加第三个关键帧，设置"位置"为 345，500，如图 10-21 所示。

06 将时间指示器拖至 0:00:04:20 处，添加第四个关键帧，设置

"透明度"为 100%，如图 10-22 所示。

图 10-21   图 10-22

07 将时间指示器拖至 0:00:05:09 处，添加第五个关键帧，设置

"透明度"为 0，如图 10-23 所示。

08 在"合成"窗口中预览效果，如图 10-24 所示。

图 10-23   图 10-24

09 在"效果和预置"面板中展开"风格化"，选择"CC 玻璃"

效果，将其添加到"房檐 .psd"层上，如图 10-25 所示。

10 在"特效控制台"面板上设置相关参数，如图 10-26 所示。

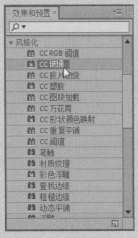 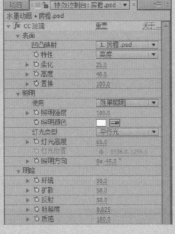

图 10-25   图 10-26

11 在"合成"窗口中预览效果，如图 10-27 所示。

图 10-27

12 用同样的方法在"效果和预置"面板中展开"风格化"，选择"粗糙边缘"效果，将其添加到层上，如图 10-28 所示。

13 在"特效控制台"面板上设置相关参数，如图 10-29 所示。

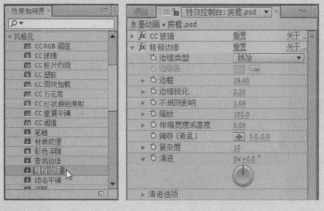

图 10-28   图 10-29

14 在"合成"窗口中预览效果，如图 10-30 所示。

图 10-30

15 设置"房檐.psd"层的叠加模式为"正片叠底"，如图 10-31 所示。

16 在"合成"窗口中预览效果，如图 10-32 所示。

图 10-31

图 10-32

10.2.2　设置水墨动画效果

01 将"项目"面板中的"水墨 .psd"素材添加到"时间轴"
面板最上方，并设置其参数，如图 10-33 所示。

02 在"合成"窗口中预览效果，如图 10-34 所示。

图 10-33

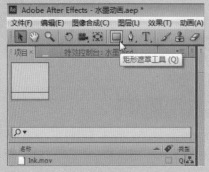

图 10-34

03 选中"水墨 .psd"层，在"工具栏"中单击"矩形遮罩工具"
图标，如图 10-35 所示。

图 10-35

04 在"合成"面板中绘制矩形遮罩，如图 10-36 所示。

图 10-36

05 展开"遮罩"属性，设置"遮罩羽化"为 175，如图 10-37 所示。

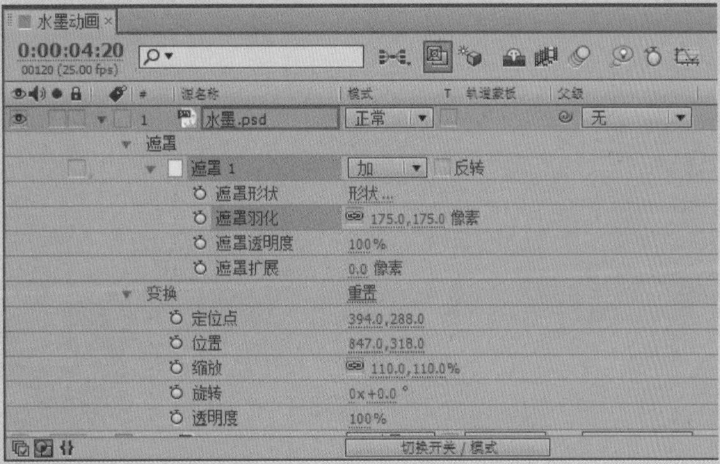

图 10-37

06 在"合成"窗口中预览效果，如图 10-38 所示。

图 10-38

07 将时间指示器拖至开始处，添加第一个关键帧，设置"遮罩形状"，如图 10-39 所示。

08 将时间指示器拖至 0:00:01:10 处，添加第二个关键帧，设置"遮罩形状"，如图 10-40 所示。

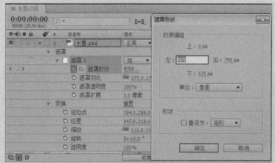

图 10-39　　　　　　　　　　　　　　　　图 10-40

09 将时间指示器拖至 0:00:04:00 处，添加第三个关键帧，设置"遮罩形状"，如图 10-41 所示。

10 在"合成"窗口中预览效果，如图 10-42 所示。

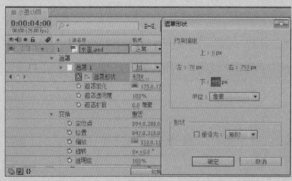

图 10-41　　　　　　　　　　　　　　　　图 10-42

11 将时间指示器拖至开始处，为"水墨 .psd"层添加第一个关键帧，设置"位置"为 1335，440，"缩放"为 175%，"透明度"为 100%，如图 10-43 所示。

12 将时间指示器拖至 0:00:03:00 处，添加第二个关键帧，设置"位置"为 1035，365，如图 10-44 所示。

图 10-43　　　　　　　　　　　　　　　　图 10-44

13 将时间指示器拖至 0:00:04:00 处，添加第三个关键帧，设置"位置"为 847，318，"缩放"为 110%，"透明度"为 100%，如图 10-45 所示。

图 10-45

14 将时间指示器拖至 0:00:05:00 处，添加第四个关键帧，设置"透明度"为 50%；将时间指示器拖至 0:00:05:09 处，添加第五个关键帧，设置"透明度"为 0，如图 10-46 所示。

图 10-46

15 在"合成"窗口中预览效果，如图 10-47 所示。

图 10-47

16 在"效果和预置"面板中展开"色彩校正",选择"色相位/饱和度"效果,将其添加到"水墨.psd"层上,如图 10-48 所示。

17 在"特效控制台"面板上设置相关参数,如图 10-49 所示。

18 在"合成"窗口中预览效果,如图 10-50 所示。

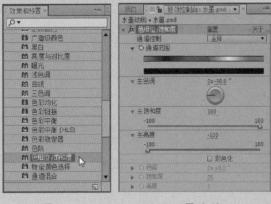

图 10-48

图 10-49

图 10-50

10.2.3 设置枝叶效果

01 将"项目"面板中的"枝叶.psd"素材添加到"时间轴"面板最上方,并设置其相关属性,如图 10-51 所示。

02 在"合成"窗口中预览效果,如图 10-52 所示。

图 10-51

图 10-52

03 将"枝叶.psd"素材的入点拖至 0:00:00:20 处,并添加第一个关键帧,设置"透明度"为 0,如图 10-53 所示。

04 将时间指示器拖至 0:00:01:10 处,添加第二个关键帧,设置"透明度"为 15%,如图 10-54 所示。

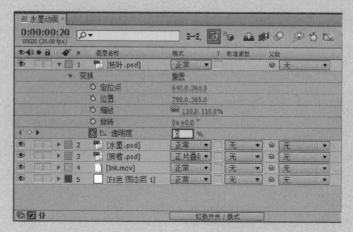

图 10-53

图 10-54

05 将时间指示器拖至 0:00:05:00 处,添加第三个关键帧,设置 "透明度"为 15%;将时间指示器拖至 0:00:05:09 处,添加第 四个关键帧,设置"透明度"为 0,如图 10-55 所示。

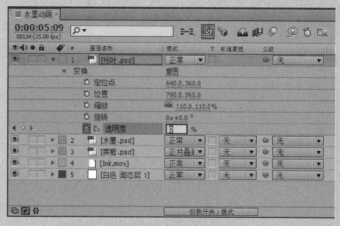

图 10-55

06 在"合成"窗口预览效果如图 10-56 所示。

图 10-56

07 在"效果和预置"面板中展开"色彩校正",选择"色相位 / 饱和度"效果,将其添加到"枝叶 .psd"层上,如图 10-57 所示。

08 在"特效控制台"面板中设置相关参数,如图 10-58 所示。

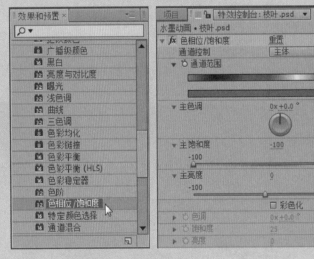

图 10-57   图 10-58

09 在"合成"窗口中预览效果,如图 10-59 所示。

10 在"效果和预置"面板中展开"色彩校正",选择"色阶"效果,将其添加到"枝叶 .psd"层上,如图 10-60 所示。

11 在"特效控制台"面板中设置相关参数,如图 10-61 所示。

12 在"合成"窗口中预览效果,如图 10-62 所示。

图 10-59

图 10-60

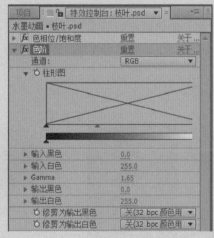

图 10-61

图 10-62

13 设置"枝叶 .psd"层的"叠加模式"为"典型差值",如图 10-63 所示。

图 10-63

14 在"合成"窗口中预览效果，如图 10-64 所示。

图 10-64

■ 10.2.4 设置水流效果

01 将"项目"面板中的"水流 .mov"素材拖至"时间轴"面板最上方，设置"缩放"为 120%，如图 10-65 所示。

02 在"合成"窗口中预览效果，如图 10-66 所示。

图 10-65

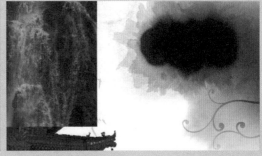

图 10-66

03 选中"水流 .mov"层，在"工具栏"面板中单击"矩形遮罩工具"图标，如图 10-67 所示。

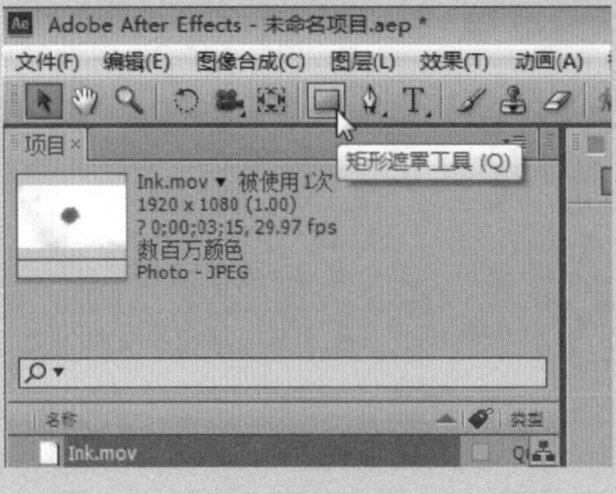

图 10-67

04 在"合成"面板上绘制一个矩形遮罩，如图 10-68 所示。

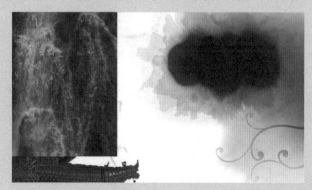

图 10-68

05 展开"遮罩"属性，设置"遮罩羽化"为 185，如图 10-69 所示。

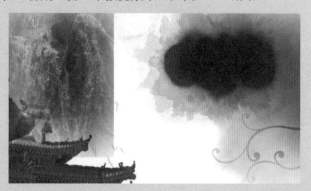

图 10-69

06 在"合成"窗口中预览效果，如图 10-70 所示。

图 10-70

07 将时间指示器拖至开始处，为"水流 .mov"添加第一个关键帧，设置"透明度"为 0；在 0:00:00:10 处，添加第二个关键帧，设置"透明度"为 50%，如图 10-71 所示。

08 将时间指示器拖至 0:00:04:10 处，添加第三个关键帧，设置"透明度"为 50%；在 0:00:04:20 处，添加第四个关键帧，设置"透明度"为 0，如图 10-72 所示。

图 10-71

图 10-72

09 在"合成"窗口中预览效果，如图 10-73 所示。

10 在"效果和预置"面板中展开"色彩校正"，选择"色阶"效果，将其添加到"水流 .psd"层上，如图 10-74 所示。

图 10-73

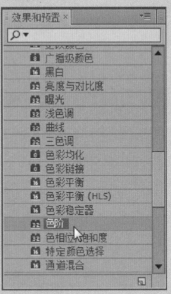
图 10-74

11 在"特效控制台"面板上设置相关参数，如图 10-75 所示。

12 在"效果和预置"面板中展开"模糊与锐化"，选择"高斯模糊"效果，将其添加到"水流 .psd"层上，如图 10-76 所示。

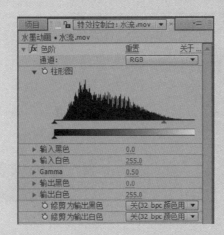

图 10-75　　　　　　　　　　　　　　图 10-76

13 在"特效控制台"面板中设置相关参数，如图 10-77 所示。

14 在"合成"窗口中预览效果，如图 10-78 所示。

图 10-77

图 10-78

15 设置"水流 .mov"层的"叠加模式"为"排除"，如图 10-79 所示。

16 在"合成"窗口中预览效果，如图 10-80 所示。

图 10-79

图 10-80

10.2.5　设置文字效果

01 在"时间轴"面板上单击鼠标右键，在弹出的菜单栏中选择"新建"|"文字"命令，如图 10-81 所示。

02 在"合成"面板中输入"休闲胜地"，如图 10-82 所示。

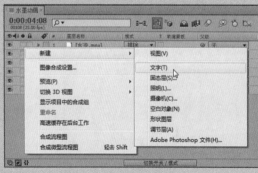

图 10-81

图 10-82

03 设置文字的相关属性参数，如图 10-83 所示。

图 10-83

04 在"合成"窗口中预览效果，如图 10-84 所示。

图 10-84

05 将"休闲胜地"层入点拖至 0:00:00:10 处，添加第一个关键帧，设置"位置"为 920，515，"透明度"为 0；在 0:00:01:00 处，添加第二个关键帧，设置"透明度"为 100%，如图 10-85 所示。

图 10-85

06 将时间指示器拖至 0:00:04:00 处，添加第三个关键帧，设置"透明度"为 100%，如图 10-86 所示。

图 10-86

07 在 0:00:05:09 处，添加第四个关键帧，设置"透明度"为 0，如图 10-87 所示。

08 在"合成"窗口中预览效果，如图 10-88 所示。

图 10-87   图 10-88

■ 10.2.6   设置图片展示效果

01 将"项目"面板中的"view.jpg"素材拖至"时间轴"面板最上方，设置"位置"为 910，175，"缩放"为 15%，如图 10-89 所示。

02 在"合成"窗口中预览效果，如图 10-90 所示。

图 10-89   图 10-90

03 选中"view.jpg"层，在"工具栏"面板中单击"钢笔工具"图标，如图 10-91 所示。

04 在"合成"面板上绘制一个遮罩，如图 10-92 所示。

05 展开"遮罩"属性，设置"遮罩羽化"为 425，如图 10-93 所示。

图 10-91

图 10-92

图 10-93

06 在"合成"窗口中预览效果,如图 10-94 所示。

图 10-94

07 将 "view.jpg" 层入点拖至 0:00:00:20 处，出点位置设置为 0:00:03:10，如图 10-95 所示。

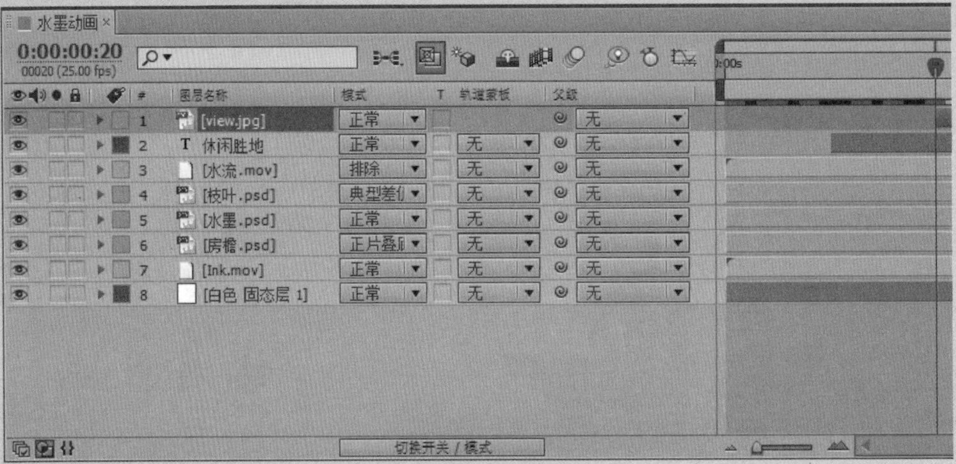

图 10-95

08 将时间指示器拖至 0:00:00:20 处，添加第一个关键帧，设置 "透明度" 为 0；在 0:00:01:10 处，添加第二个关键帧，设置 "透明度" 为 100%，如图 10-96 所示。

09 将时间指示器拖至 0:00:02:20 处，添加第三个关键帧，设置 "透明度" 为 100% ；在 0:00:03:10 处，添加第四个关键帧，设置 "透明度" 为 0，如图 10-97 所示。

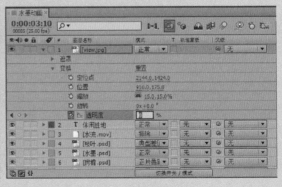

图 10-96　　　　　　　　　　　　　　　　图 10-97

10 在"合成"窗口中预览效果，如图 10-98 所示。

11 在"效果和预置"面板中展开"色彩校正"，选择"色阶"效果，将其添加到"view.jpg"层上，如图 10-99 所示。

图 10-98   图 10-99

12 在"特效控制台"面板上设置相关参数，如图 10-100 所示。

13 在"合成"窗口中预览效果，如图 10-101 所示。

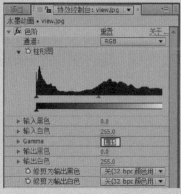

图 10-100   图 10-101

14 在"效果和预置"面板中展开"色彩校正"选择"色相位/饱和度"效果，将其添加到"view.jpg"层上，如图 10-102 所示。

15 在"特效控制台"面板上设置相关参数，如图 10-103 所示。

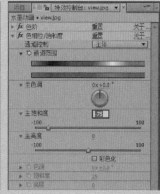

图 10-102   图 10-103

16 在"合成"窗口中预览效果，如图 10-104 所示。

图 10-104

10.3　保存项目文件

01 执行"文件"|"存储"命令，如图 10-105 所示。

02 在打开的"存储为"窗口中设置项目名称，如图 10-106 所示。

图 10-105　　　　　　　　　　　　　　　图 10-106

参考文献

1. 沈真波，薛志红，王丽芳 . After Effects CS6 影视后期制作标准教程 [M]. 北京：人民邮电出版社，2016.

2. 何佳 . Premiere Pro CC 影视编辑标准教程潘强 [M]. 北京：人民邮电出版社，2016.

3. 姜洪侠，张楠楠 . Photoshop CC 图形图像处理标准教程 [M]. 北京：人民邮电出版社，2016.